冶金工业出版社

普通高等教育"十四五"规划教材

系统工程导论

许德昌　主编

北　京
冶金工业出版社
2021

内 容 提 要

本书介绍了系统科学的基础理论、技术基础及工程技术，主要内容包括系统与系统工程概念、系统学基础、系统工程方法论、系统分析与系统模型、系统最优化、系统决策、图与网络、系统可靠性分析及系统工程应用。

本书可作为高等院校工科及经济管理专业本科生和研究生教材，也可供专业技术与管理人员参考。

图书在版编目（CIP）数据

系统工程导论／许德昌主编 . —北京：冶金工业出版社，2021. 11
普通高等教育"十四五"规划教材
ISBN 978-7-5024-8956-4

Ⅰ . ①系… Ⅱ. ①许… Ⅲ. ①系统工程—高等学校—教材 Ⅳ. ①N945

中国版本图书馆 CIP 数据核字（2021）第 233722 号

系统工程导论

出版发行	冶金工业出版社	电　话	（010）64027926
地　　址	北京市东城区嵩祝院北巷 39 号	邮　编	100009
网　　址	www.mip1953.com	电子信箱	service@ mip1953.com

责任编辑　杨盈园　美术编辑　彭子赫　版式设计　郑小利
责任校对　梅雨晴　责任印制　李玉山
三河市双峰印刷装订有限公司印刷
2021 年 11 月第 1 版，2021 年 11 月第 1 次印刷
787mm×1092mm　1/16；10 印张；241 千字；149 页
定价 49.00 元

投稿电话　（010）64027932　投稿信箱　tougao@cnmip.com.cn
营销中心电话　（010）64044283
冶金工业出版社天猫旗舰店　yjgycbs.tmall.com
（本书如有印装质量问题，本社营销中心负责退换）

前　　言

随着科学、技术、经济与社会的不断发展，系统工程越来越受到管理人员和科技工作者的重视。系统工程是适用于各行各业的普遍方法与技术，是指导各专业工程的方法论，是系统分析与决策人员必须掌握的基本知识。

确立科学的系统观是工程技术与管理人员从事本职工作的基本要求。掌握系统分析、系统优化、系统决策与评价等方面的知识，能更加科学有效地处理与解决实际问题。

在系统工程70余年的发展历程中，其理论、方法与计算机技术的结合越来越紧密，使大系统的定量分析与处理得以实现，从而推动了系统工程的发展。

本书在参考现有相关教材及资料的基础上，引入了多目标规划、随机规划及现代优化技术等方面的知识，有利于进一步提高处理复杂系统问题的能力。

本书内容共分9章：第1章介绍系统与系统工程概念及其发展历史，第2章介绍系统学基础，第3章介绍系统工程方法论，第4章介绍系统分析与系统模型，第5章介绍系统最优化技术，第6章介绍系统决策方法，第7章介绍图与网络，第8章介绍系统可靠性分析，第9章介绍系统工程应用。

本书可作为高等院校工科及经济管理专业本科生和研究生教材，也可供专业技术与管理人员参考。

本书由江西理工大学许德昌主编，余建国、黄鹏鹏参与编写。本书在编写过程中，参阅了相关文献，在此向文献作者表示感谢！

由于作者知识水平有限，书中若有不妥之处，欢迎读者批评指正。

作　者
2021.3

目　录

1 系统与系统工程

1.1 系统的概念与分类

1.1.1 系统的概念

"系统"一词,在我国古代是指连属,在《辞源》上解释为:自上连属于下谓为系,《易传·系辞》中"系"为系属之义。英文中系统(system)一词来源于古代希腊文(systemα),原意是"在一起"和"放置"两个词的组合。长期以来,"系统"一词在各领域中大量使用,其定义也有多种。

《一般系统论》创始人贝塔朗菲认为:系统是处于一定相互关系中的与环境发生关系的各组成成分的总体。

苏联学者乌约莫夫认为:系统是客体的集合,在该集合上实现着带有固定性质的关系。

德国《哲学和自然科学词典》中对"系统"一词的解释为:按一定顺序排列的物质或精神的整体,即物质世界和精神世界的一切都可以划分为各种各样的系统。

日本在1967年制定的工业标准中对"系统"定义为:系统是指许多组成要素保持有机的秩序向同一目的行动的集合体。

美国的《韦氏大辞典》把"系统"定义为:系统是有组织的或被组织化的整体,结合着的整体是所形成的各种概念和原理的综合,以有规则的相互作用、相互依存的形式组成的诸要素集合。这就是说,系统是一个整体,其组成部分是有组织的,具有相互作用与相互依存的关系;同时,系统不仅有实体部分,还有赖以形成的概念部分。

美国著名学者阿柯夫认为:系统是由两个或两个以上相互联系的任何种类的要素所构成的集合。

我国著名科学家钱学森把"系统"定义为:系统是由相互作用和相互依赖的若干部分组成的具有特定功能的有机整体,而且这个系统本身又是它从属的一个更大系统的组成部分。

以上对"系统"的定义都指出了系统的三个基本特性:

(1)系统是由若干部分组成的。在不同情形下,部分又称为元素、单元、要素、组分、子系统等。如计算机的硬件系统是由运算器、控制器、存储器、输入/输出设备组成的,而硬件系统又是计算机系统的一个子系统;交通系统是由线路、车站、车辆、车库、修理厂、司机、技术人员、管理人员、管理与科研机构及设施、交通规则、管理技术及制度等部分组成。

(2)系统各组成部分之间相互联系、相互作用、相互制约,即系统各组成部分之间具有相关性，而这种相关性在时间、空间或逻辑上排列和组合的具体形式就是系统的结构。例如电机、机床等机电系统都是由各种机电零部件按特定的次序装配而成的。

（3）系统有特定的功能。系统的功能是指系统与外部环境相互联系和相互作用中表现出来的能力。例如电动机系统的作用是把电能转换成机械能，信息系统的功能是进行信息的收集、传递、储存、加工、维护和辅助决策者进行决策，帮助组织实现管理目标。

"系统"的定义揭示了一般系统的基本特性，它将系统与非系统区别开来。然而从事物本体的角度来看，现实世界的"非系统"是不存在的。从基本粒子到整个宇宙，从自然界到人类社会，从无机界到有机界，系统无所不在。构成整体的而没有联系性的多元集是不存在的，系统是事物存在的普遍形式。只有从认识事物的角度考察时，对于一些群体中元素间联系微弱，从而可以忽略这种联系的事物称为非系统，即从认识论上来看非系统是存在的。因此，应辩证地理解系统与非系统问题，系统是绝对的，非系统是相对的。

1.1.2　系统的分类

系统的形式是多种多样的，可以从不同的角度来对系统进行分类。

（1）按系统形成原因的不同，系统分为自然系统、人造系统和复合系统。

1）自然系统是不以人的意志转移，依据自然规律自然形成的系统，如天体、海洋、生态系统等。

2）人造系统是为了实现人类生存与发展的目的，按人的意志设计与实现的系统，如人造卫星、机械设备、交通系统等。

3）复合系统是自然系统与人造系统的组合，如农业复合生态系统是由一定农业地域内相互作用的生物因素及社会、经济和自然环境等非生物因素构成，在人类农业生产活动不断干预和影响下形成的，具有特定功能的复合体。它既不是自然生态系统，也不完全是人工生态系统，而是自然与人工的复合系统。从宏观角度看，农业复合生态系统是由无机环境、生产者、消费者、分解者四大部分组成的综合体，各组成部分间通过物质循环和能量转化而密切联系，相互作用、相互依存、互为条件。

当今如何使人造系统和自然系统成为和谐的可持续发展的复合系统成为人们关注的重要问题。

（2）按系统的形态不同，系统分为实体系统和概念系统。

1）实体系统是以实物为元素组成的系统，如交通系统的车辆与道路系统。

2）概念系统是以概念、原理、方法、制度、程序等非物质成分组成的系统，如交通系统中的交通管理系统、计算机的软件系统、专业知识系统等。

对于人造系统，实体系统是概念系统的"躯壳"，概念系统是实体系统的"灵魂"。概念系统来源于实体系统，为建设、改造实体系统提供指导和服务。

由于概念系统不具有实体形态，具有抽象性，因此对概念系统的认识应从系统的组成、结构、功能及它们的关系等方面加以把握。

（3）按研究对象不同，系统分为生态系统、社会系统、军事系统、教育系统、经济系统、农业系统、工业系统、商业系统、金融系统、城市系统、交通系统、通信系统、机电系统等。

（4）按系统的开放性不同，系统分为开放系统和封闭系统。

1）开放系统是指系统与环境之间存在物质、能量和信息交换的系统。例如生产系统、城市系统、生态系统都是开放系统。开放系统又分为线性系统与非线性系统，线性系统是状态变量和输出变量对于所有可能的输入变量和初始状态都满足叠加原理的系统；如果一个系统其输出不与其输入成比例，则它是非线性的，非线性系统的特征是叠加原理不再成立。

2）封闭系统是一个与环境无明显联系的系统，不管外部环境有什么变化，封闭系统仍表现为其内部稳定的特性。在热力学中按系统的开放性不同，将系统分为开放系统、封闭系统和孤立系统。如果系统与其环境之间既没有物质交换，也没有能量交换，则称之为孤立系统。如果系统与其环境之间存在能量交换，而不存在物质交换，则称之为封闭系统。

（5）按系统状态随时间是否变化，系统分为动态系统和静态系统。静态系统的状态在考察的时间尺度之内不随时间发生明显的变化，没有输入与输出，如企业封存的设备，停工待料的工厂等。如果系统状态随时间而改变，具有输入、输出及其转化过程，则称为动态系统，如生产系统、交通系统、服务系统、人体系统等。

（6）按系统是否存在不确定性，系统分为确定性系统和不确定性系统。确定性系统是指描述系统的所有变量都是普通变量（非随机变量），在一定的环境条件下，它们之间的关系是确定的，可以用函数来进行描述，否则就称之为不确定性系统。

（7）按系统中子系统的数量、种类与关联复杂程度不同，系统分为简单系统与巨系统，巨系统又分为简单巨系统与复杂巨系统。

1）简单系统是指组成系统的元素比较少，它们之间关系又比较单纯，如某些非生命系统。

2）简单巨系统是规模巨大但结构简单的系统，其特点是系统规模巨大，但元素或子系统种类很少，相互关系简单，通常只有微观和宏观两个层次，通过统计综合即可从微观描述过渡到对系统宏观整体的描述，例如热力学、统计力学的研究对象就是简单巨系统。

3）如果组成系统的元素不仅数量大而且种类也很多，它们之间的关系复杂，往往具有层次结构，这类系统称为复杂巨系统。复杂巨系统都是开放系统，如生物体系统、人体系统、生态系统、社会系统及地球系统等。

地球系统是由大气圈、水圈、陆圈（岩石圈、地幔、地核）和生物圈（包括人类）组成的有机整体。人类的生存要从环境中获取食物与能源，因此进行地球系统的研究，需要从几百年到几百万年的整个过程中对地球系统各组成部分之间的相互作用进行全面认识，了解地球的演化规律及变化的趋势，认识人类活动在全球变化中的作用，维护自然资源的持续供给，减轻各种环境灾害，实现造福人类的目的，这是对地球的某一组成部分进行分门别类研究的发展。

社会系统是以人的行为为主导、自然环境为依托、资源流动为命脉、社会体制为经络的人工生态系统。由于人是社会系统的组成元素，而人具有意识作用，所以元素之间关系不仅复杂而且带有很大的不确定性，因此社会系统是不确定的、开放的复杂巨系统。

1.2 系统思想的渊源

1.2.1 古代朴素的系统思想

"系统"一词在现代科学、技术、工程及社会生活中使用及其普遍，已经获得了中心地位。各行各业的人都在强调：看问题要用系统观点，思考问题要用系统思维，解决问题要用系统工程方法，这是人们在认识世界与改造世界的过程中对客观世界的认识更加全面深入的结果，也是人们世界观发展的必然趋势。

系统科学的理论直到20世纪40年代才出现，但是，系统的思想与观念源远流长。早期人类在脱离动物界之后面临一个巨大的、复杂的、不确定的外部世界，人类要生存发展就必须面对种种严酷的环境，因而需要有一种远胜于其他物种的能力。整体构想能力就是人和动物最本质的区别，即马克思所说的"最笨的工程师"与"最聪明的蜜蜂"的本质区别，而这种整体构想能力就是把事物作为一个有机整体来看待的能力，即系统思维能力。

自古以来，人们在长期的社会实践中逐渐形成了把构成事物的要素联系起来作为一个整体来进行分析与考察的思想。相传在距今6000年以前的伏羲氏得河图并通过观物取象创画出先天八卦，又称为伏羲八卦。《易传·系辞》曰："易有太极，是生两仪，两仪生四象，四象生八卦。"太极即为天地未开、混沌未分阴阳之前的状态，太极生两仪，两仪即阴阳，两仪生四象（即太阳、少阴、少阳、太阴），四象生八卦（即天、地、雷、火、风、泽、水、山），八卦生万物。这种对宇宙大系统形成的动态演化思想，对我国传统思维方式具有深远影响。

从殷商时代开始，产生了阴阳学说与五行学说。阴阳学说认为，任何事物都包括阴和阳相互对立的两个方面。《周易》以"一阴一阳之谓道"立论，说明任何事物都具有两重性，肯定自然界存在阴阳、动静、刚柔等相反属性的事物。《素问·阴阳应象大论》说："阴阳者，天地之道也，万物之纲纪，变化之父母，生杀之本始。"《素问·阴阳离合论》说："阴阳者，数之可十，推之可百，数之可千，推之可万。"阴阳的任何一方都不能脱离另一方而单独存在，阴阳双方相互依存，相互为根，这是一切事物的互根互用性。《医贯砭·阴阳论》说："阴阳各互为根，阳根于阴，阴根于阳；无阳则阴无以生，无阴则阳无以化。"《素问·阴阳应象大论》说："重阴必阳，重阳必阴。"《尚书·洪范》记载："五行：一曰水，二曰火，三曰木，四曰金，五曰土。水曰润下，火曰炎上，木曰曲直，金曰从革，土曰稼穑。润下作咸，炎上作苦，曲直作酸，从革作辛，稼穑作甘。"根据事物的不同性质、作用和形态，采用"比象取类"的方法，将事物或现象分为五大类，分别归属木、火、土、金、水五行之中，根据五行之间的相互关系，推演各类事物或现象的联系和变化。《素问·宝命全形论》指出："木得金而伐，火得水而灭，土得木而达，金得火而缺，水得土而绝。万物尽然，不可胜竭。"说明古人已不是单纯地把相生、相克关系作为五种物质的转化来看待，而是上升为一种概括事物运动变化的普遍规律，即是说各类事物之间或其内部所具有的属木、属火、属土、属金、属水的五个方面，它们之间具有相生、相克的关系。相生是指这一事物对另一事物具有促进、助长和滋生的作用，相生的次序是木生火、火生土、土生金、金生水、水生木。相克是指这一事物对另一事物具有制约、克服和抑制的作用，相克的次序是木克土、土克水、水克火、火克金、金克木。《类经图翼·运气》说："造化之机，不可无生，亦不可无制。无生则发育无由，无制则亢而为害。"必须生中有制，制中有生，才能运行不息，相反相成。五行的生克制化调节，是指五行系统结构在正常状态下，通过其相生和相克的相互作用而产生的一种调节作用。五行的相乘与相侮，是五行关系在某种因素作用下所产生的反常现象。相乘意指相克得太过，超过了正常制约的力量，从而使五行系统结构关系失去正常的协调，相侮即反克。

阴阳学说与五行学说揭示了构成世界的基本要素及其相互依赖、相互制约的系统思想，是朴素的普遍系统论。它们对我国传统思维方式的形成在一定时期起到了积极作用，但由于其自身的局限性，以致到当今时代又起着一定的束缚作用。

老子指出："道，可道，非常道；名，可名，非常名。无名，天地之始；有名，万物之母。"认为虚而无形的道是万物赖以存在的根据，又是派生万物的本原，天地万物皆由道演化而来，由此得出："道生一、一生二、二生三、三生万物，万物负阴而抱阳，冲气以为和。"意即一为太极，二为阴阳，三是冲气，就是和，相和而生万物。庄子认为：不仅万物在变，作为运动变化规律的道也在变，正是道的变化才生成了万物，即《天道》篇里所说的："天道运而无所积。"《庄子·逍遥游》："天之苍苍，其正色邪？其远而无所有至极邪？"用提问的方式表达了自己对宇宙无限的猜测。张衡提出了"浑天说"，认为全天恒星都布于一个"天球"上，而日月五星则附丽于"天球"上运行。浑天说以精确的天文观测为基础，解释了当时所知的几乎所有天文现象，它沿用了道家"有生于无"的宇宙起源观，系统描述了天地万物的生成、变化、发展过程。这些学说都把世界看作一个整体，认为万事万物都是自然演化的产物。

古代朴素的系统思想还直接来源于人类在生存中积累的各种实践经验。《管子·地员》篇、《诗经·七月》等著作，对农作物与种子、地形、土壤、水分、肥料、季节等元素的关系，都做了较为系统的叙述。我国古人很早就揭示了天体运行与季节变化的关系，编制出历法和指导农事活动的二十四节气。著名的军事著作《孙子兵法》从天时、地利、将帅、法制和政论等各方面对战争进行了整体的分析。在周、秦至西汉初年，我国古代的医学总集《黄帝内经》强调人体内部各系统的有机联系、生理与心理的联系、人体健康与环境的联系，并认为人是自然界的组成部分，提出天人相应原则。

以上成就是古代朴素系统思想的自发运用，说明我国古代人们具有一定的系统地认识客观世界的能力。

古希腊的哲学家德谟克利特（公元前 460 年—公元前 370 年）首先提出物质构成的原子学说，认为原子是最小的、不可分割的物质粒子。一切物体的不同，都是由于构成它们的原子在数量、形状和排列上的不同造成的。原子在本质上是相同的，它们没有"内部形态"，它们之间的作用通过碰撞挤压而传递。

古希腊哲学家亚里士多德（公元前 384 年—公元前 322 年）提出了"整体大于它的各个部分总和"的著名论断，同时提出了运用"四因论"来说明事物生灭变化的原因：质料因，即事物由什么东西构成；形式因，指事物具有什么形式结构；动力因，说明是什么力量使得一定的质料取得某种结构形式的；目的因，说明存在的目的何在。"四因论"对现实事物的存在原因及事物的基本属性的见解是合理的，是古代西方朴素系统思想的典型代表。

　　古代朴素的系统思想强调了对客观世界的整体性、统一性的认识。由于古人缺乏对整体中各个细节的深入认识能力，对自然界的认识没有达到进行解剖与分析的程度，于是对自然系统的内部细节方面的认识，成为近代自然科学的任务。

1.2.2　近代机械系统思想

　　古代朴素系统思想来源于古人的哲学思辨和对客观世界的猜测，而近代自然科学体系的形成主要来源于科学实验以及科学的思维方法。英国科学家培根提倡用实验的方法去研究自然界。法国著名的科学家笛卡尔提出了"动物是机器"的著名观点，他认为"宇宙为一大机器，生命机体也是一精密机器"，所有物质都是同一机械规律所支配的机器，这就是机械系统观。英国物理学家牛顿的万有引力和三大运动定律展示了地面物体与天体的运动都遵循着相同的力学定律，同时牛顿也把一切自然现象都用力学观点加以解释，把化学、热、电等现象都看作与吸引力或排斥力有关的现象，这为机械系统观提供了理论基础。第一次工业革命以后，机械工业得到快速发展，强化了人们用力学的或机械的原理看待世界的观念，即用机械系统的规律来简化化学过程、生物有机过程以及整个客观世界的变化。机械系统思维认为自然界是一个牛顿力学系统，其运动变化的规律自然服从机械决定论。这种机械决定论对后来的近代科学发展影响深远，导致人们认为某个对象、某个领域能不能达到一种完全科学的认识，就取决于能不能在力学上用一组方程来进行表示，这对当时的人们来说是一次在观念上的巨大变化。

　　机械系统思想在近代科学革命以后得到蓬勃发展。虽然在牛顿时代还需要外在的神的第一推动力来解释天体的初始运动，但是，在拉普拉斯的《天体力学》中却没有给上帝留下位置，并且创立了天体起源与演化的星云说。

　　古代朴素的系统思想把自然界当作整体从总的方面来观察，自然现象的总联系还没有在细节方面得到证明，这是古代朴素系统思想的不足。为了弥补这一不足，近代自然科学把自然界划分为不同的领域或不同层面，例如将其分为动物界、植物界和矿物界；或者将各种运动分为机械运动、物理运动、化学运动、生命运动等分门别类地加以研究。这种思维方式的变革使数学、力学、天文学、物理学、化学、生物学等科目逐渐从混为一体的哲学中分离出来，不断朝纵深方向发展，研究对象从宏观事物深入到内部组织，直至分子，再从分子又到原子，从原子到原子核与电子，从原子核到质子与中子，直到夸克理论提出后，人们认识到基本粒子也有复杂的结构，这是近代自然科学研究自然界的独特的分析方法。这种方法导致了近代科学与技术的飞速发展，但是这种分析方法是建立在片面强调还原论的基础上进行的。所谓还原论是指把对任何事物的认识，特别是对复杂事物的认识，先将其分解成若干组成部分，一直分解到最基本的要素，再通过对基本要素的认识，逐步还原出部分与整体事物的性质与运动规律，其本质是把部分之间的有机联系简化成了线性关系。这种还原论堵塞了自己从了解部分到了解整体的道路，难免只见树木不见森林，正如德国哲学家黑格尔说"脱离了人体的手不能说是人手"，这说明了部分不能脱离整体的思想。

　　随着近代科学的不断发展，机械系统思想不可克服的局限性也越来越明显地暴露出来。

1.2.3 现代系统思想的萌芽与兴起

19世纪以来，能量守恒和转化定律、地质演化学说、细胞学说、生物进化论、元素周期律等重大科学发现，深刻揭示了客观世界普遍联系和相互作用的本质属性。恩格斯指出："我们现在不仅能够指出自然界中各个领域内的过程之间的联系，而且总的说来也能指出各个领域之间的联系了，这样，我们就能够依靠经验自然科学本身所提供的事实，以近乎系统的形式描绘出一幅自然界联系的清晰图画。"恩格斯在1886年撰写的《费尔巴哈论》中说道："一个伟大的基本思想，即认为世界不是既成事物的集合体，而是过程的集合体，其中各个似乎稳定的事物同它们在我们头脑中的思想映象都处在生成和灭亡的不断变化中，在这种变化中，尽管有种种表面的偶然性，尽管有种种暂时的倒退，前进的发展终究会实现。"这说明万事万物是以相互联系、相互制约的系统形式存在，并且是变化发展的，即系统是动态演化的，这标志着现代系统思想的萌芽，为系统科学的产生创造了条件。

19世纪下半叶，在物理学领域，发现了热力学第二定理，提出了热力学系统的演化问题。20世纪初，相对论和量子力学的发现，拓展了人们对不同尺度的宇宙系统内在联系规律的认识。规范场论成功为量子电动力学、弱相互作用和强相互作用提供了一个统一的标准模型。在地球演化方面，德国气象学家魏格纳在1912年提出了大地构造假说，后来法国地质学家勒皮顺等人首创"板块构造学说"。在宇宙演化方面，1929年天文学家哈勃发现几乎所有的星系都具有谱线红移现象，而且星系的谱线红移量与星系之间的距离成正比；在此基础上，1932年比利时天文学家勒梅特首次提出宇宙大爆炸理论。在生物领域，由于达尔文进化论的影响，一种力求理解生物体新结构形成的突现进化思潮开始兴起。在社会学领域，马克思创立了社会经济形态学说，阐明了人类历史依次更替的五种社会经济形态从低级向高级发展的自然历史过程。这种对不同领域系统结构的形成与演化规律的探索，标志着现代系统思想的全面兴起。

1.2.4 系统科学的创立

20世纪30年代美籍奥地利生物学家贝塔朗菲意识到当生物学研究发展到分子生物学时，对生物在分子层次上解释越多，对生物整体的生命现象的解释反而越模糊。在这种情况下，他曾多次发表文章阐述系统论的思想，反对生物学中机械论的思想，强调生物学中有机体概念，主张把有机体当作一个整体或系统来考虑，认为生物学的主要任务应当是发现生物系统中一切层次上的组织原理。他概括地吸取了生物机体论的思想并加以发展，提出了新的机体论思想，其主要观点：一是系统观点，认为有机体都是一个系统；二是动态观点，认为一切生命现象本身都处于积极的活动状态，主张从生物体和环境的相互作用中说明生命的本质，并把生命机体看成是一个能保持动态稳定的系统；三是等级观念，认为各种有机体都是按严格的等级组织起来的，层次分明，这一思想逐渐受到人们的重视。

20世纪初现代科学的研究视野由宏观低速的物质世界研究，一方面转向微观、渺观的物质结构与运动规律的研究；另一方面转向宇观、胀观世界的研究，发现系统是事物存在的普遍形式。与此同时，对世界的研究也从孤立地研究转向在相互联系中研究，从用静态观点观察事物转向用动态（演化）观点观察事物，从强调分析与还原论的方法转向整体论与还原论辩证统一的方法，即从简单线性系统的研究转向了复杂系统的研究。第二次世界大战以后，以系统论、控制论、信息论、运筹学及系统工程为标志的系统科学由此创立起来了。

　　系统学科作为完整的学科体系，包含基础科学、技术科学和工程技术三个层次，如图1-1 所示。

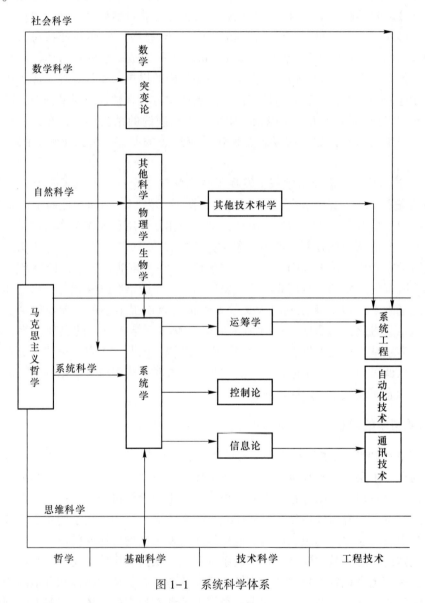

图 1-1　系统科学体系

　　系统科学具有跨学科特征，在理论特征方面实现了从构成论向生成论的转变；在研究对象方面，实现了从"实物性"向"关系性"的转变。

　　随着经济社会与科学技术的不断发展，人们将面临越来越广泛的系统性问题，因此从整体上认识和把握要处理的对象就显得尤为重要，这也是进行科学管理及科学决策的基本要求。

1.3 系统工程的概念及发展

1.3.1 工程的含义

"工程"一词在《辞源》中解释为：泛指一切工作、工事以及有关程式。在不同国家、不同历史时期，"工程"的含义在不断变化。我国宋代欧阳修等编制的《新唐书》《魏知古传》中说："会造金仙、玉真观，虽盛夏，工程严促。"1370 年，宋濂等人著的《元史》也论及了"工程"一词。《红楼梦》第十七回中说："圆中工程，俱已告竣。"18 世纪，当"工程"一词在欧洲出现的时候，是专指兵器的制造与执行服务于军事的工作，后来把服务于特定目的的各项工作的总称称为工程，如水利工程、土木工程、机械工程、冶金工程等。更一般地，把改造自然的实践活动称为工程，以致于将其引申为把自然科学、社会科学以及各种技术应用于各种实践中而形成的方法与程式的总称。

工程活动的发生在于满足人类生存的需要，由此显露其最主要的价值。从生存的意义上说，工程的意义比技术与科学更为根本，因此工程的发端应早于技术，技术的发端应早于科学。由于工程的发生及演变与人类的生存及生产密切相关，因此工程的发展就是产业发展的体现，工程的发展经历了农业时代工程、工业时代工程与知识时代工程。

1.3.2 系统工程的概念

系统工程在系统科学技术体系中处于工程技术层次，是一门新兴学科，不同专业领域的人对它的理解不尽相同，其定义也有多种。

我国著名科学家钱学森认为：系统工程是组织管理系统的规划、研究、设计、制造、试验和使用的科学方法，是一种对所有系统都具有普遍意义的科学方法。

日本的三浦武雄认为：系统工程是跨越许多学科的科学，而且是填补这些学科边界空白的一种边缘科学。因为系统工程的目的是研制系统，而系统不仅涉及工程学的领域，还涉及社会、经济和政治等领域。为了适当解决这些领域的问题，除了需要某些纵向技术以外，还要有一种横向技术把它们组织起来，这种横向技术就是系统工程。

1975 年出版的《美国科学技术辞典》中论述为：系统工程是研究复杂系统设计的科学，该系统由许多密切联系的元素所组成。设计该复杂系统时，应有明确的预定功能及目标，并协调各个元素之间及元素和整体之间的有机联系，以使系统能从总体上达到最优目标。在设计系统时，要同时考虑到参与系统活动的人的因素及其作用。

根据以上观点，也可以认为系统工程是以研究大规模复杂系统为对象的新兴科学，是处理系统问题的工程技术。对新系统的组建或对已建系统的经营管理与改造更新，用定量分析法或定量和定性分析相结合的方法进行系统分析和系统设计，使系统达到预定的目标。系统工程具有以下特点：

（1）系统工程研究对象的广泛性：其研究对象既可以是人工生态系统、社会系统、经济系统、教育系统等宏观系统，也可以是企业系统、企业生产系统、企业设备系统等微观系统。由于系统工程研究对象可以为各种形式的系统，其组成要素可以包括人、财、物、能量和信息等多种要素，因此各专业工程（如机械工程、电子工程、电气工程、土木工程、水利工程、交通工程与网络工程等）是系统工程在不同领域的应用，或者说是系统工程的特例。

（2）系统工程具有应用知识的综合性：由于处理对象包含的要素种类繁多，同时系统又处于复杂的环境中，因此系统工程既要用到社会、经济、法律、心理、医学、环境、安全等方面的知识，又要用到以物理、化学、生物科学为基础的有关工程技术、管理技术等多领域知识。

（3）系统工程考察指标的综合性：系统工程的分析指标要综合考虑技术、经济、社会与资源环境等多方面的要求。系统工程的实践表明，对系统进行目标分析时，既要以客户的满意度为基础进行系统优化，也要把系统指标分析拓展到系统的整个寿命周期，同时还要兼顾整体与局部、短期与长期的利益。

总之，系统工程是系统科学的实际应用。一切大型复杂系统问题，如社会、环境、经济、金融、交通、通信、军事等各领域的问题，都是系统工程的研究对象。它们都需要按一定目的进行规划、设计、开发、管理与控制，以期达到总体效果最优。系统工程既是一门工程技术，也是包括了许多类工程技术的工程技术门类。系统工程不仅要用到数学、物理、化学、生物等自然科学，又要用到社会学、心理学、经济学、医学等与人的思想、行为、能力有关的学科知识，还要用到运筹学、控制论、信息论等方面的工程技术。

1.3.3　系统工程的产生与发展

随着科学、技术的发展，人们对构建经济富强、社会和谐的愿望越来越强烈，这就面临着需要建设越来越多的大型复杂系统，来满足人们不断增长的物质与文化方面的需要。这些大型复杂系统的特点通常是投资多、规模大、时间长、层次结构复杂、后果影响广泛深远，对其进行预测、评价、规划、设计、建设、管理与控制的各项活动，仅靠经验已显得无能为力，系统工程理论正是在这样的情况下，首先从通信工程和大型工程系统的研制中产生和发展起来的。

第二次工业革命以后，电气工业和石化工业得到逐步发展，生产设备日趋复杂，发达国家的工业系统开始发展壮大。20 世纪 40 年代初，美国开始建设横跨东西部的微波中继通信网，该工程因第二次世界大战而停顿，战后完成了 TD-X 和 TD-2 系统的建设。1951年贝尔实验室把研制微波通信网的方法命名为系统工程。

第二次世界大战期间，美国一批科学家和工程师把运筹学运用于军事作战，获得成功。战后，为了继续这项工作，1945 年成立了一个独立的研究机构，即兰德公司。"系统分析"一词就是兰德公司在 40 年代末首先提出的。系统分析最早应用于武器技术装备研究，后来转向国防装备体制与经济领域，随着科学技术的发展，其适用范围逐渐扩大，这为系统工程理论体系的形成和发展奠定了基础。

1957 年，美国杜邦公司发展了协调大企业内各部门工作的关键路线法。1958 年，美国海军特别计划局在执行"北极星"导弹核潜艇计划中发展了计划评审技术（PERT），该技术在不增加人力、物力和财力的情况下，使"北极星"导弹提前 2 年研制成功。

美国 1961 年开始的阿波罗工程，由地面、空间和登月三部分系统组成，1972 年该工程成功结束。在工程高峰时期有 2 万多家厂商、200 余所高等院校和 80 多个研究机构参与研制和生产，总人数超过 30 万人，耗资 255 亿美元。为了完成这项庞大和复杂的工程，美国航空航天局成立了总体设计部，对整个计划进行组织、协调和管理，并且把计划评审技术发展成图解评审技术（GERT）。阿波罗工程的圆满成功使世界各国开始关注系统工程。

1957年美国的古德和麦克霍尔合作出版了最早的系统工程教材。1962年霍尔发表了《系统工程方法论》，对系统工程的概念、方法做了系统阐述，并于1969年提出了著名的霍尔三维结构方法论。

1972年国际应用系统分析研究所在维也纳成立，它是用系统工程方法研究复杂的社会、经济、生态等问题的国际性研究机构。该所先后选择了能源、环境、生态、城市建设、资源开发、医疗、工业生产等研究课题，在推动系统工程的发展和应用方面产生了重要影响。

1975年国际控制论和系统论第三届会议，讨论的主题是经济控制论问题，在经济系统方面有投入产出模型、计量经济模型、经济控制论模型等。1978年的第四届会议，主题转向了社会控制论，试图对世界范围内的资源、生态环境和经济发展模式等重大问题进行定量研究和预测，构造了相关模型。

由于在系统工程各环节的实践活动中，需要收集、储存、传递、分析与处理大量的数据，因此信息科学与技术的发展，尤其是计算机与自动化技术的广泛应用，对系统工程的深入发展起到了重大的推动作用。

1.3.4 我国系统工程的发展

直到20世纪40年代，系统工程的理论才开始出现，然而，系统工程的实践在我国却自古有之，从未间断。

公元前256年，战国秦昭襄王在位时期，李冰被任命为蜀郡的郡守。李冰到蜀郡后，看到当地严重的灾情，便下决心治理岷江。李冰和他的儿子考察了水情、地势等情况后，制定了治理岷江的规划方案。由于玉垒山阻碍江水东流，常造成东旱西涝，李冰决定凿穿玉垒山，把水引向东边，于是组织了大量民工，凿石开山。由于山石坚硬，工程进度缓慢，后来在岩石上放上柴草，点火燃烧，使岩石爆裂，加快了开凿进度，最终在玉垒山凿开了一个口子，人们称它为"宝瓶口"。分出的玉垒山边缘部分形状像大石堆，后人把它称为"离堆"。为了使岷江的水能够东流，将装满鹅卵石的竹笼一个一个地沉入江底，筑成了分水堰。由于分水堰前端形状像鱼头，取名称为"鱼嘴"，鱼嘴把汹涌而来的江水分成外江与内江。为了进一步控制流入宝瓶口的水量，在分水堰的尾部，又修建了分洪用的溢洪道，取名为"飞沙堰"。飞沙堰也是用竹笼装卵石堆筑的，当内江水位过高的时候，洪水经溢洪道漫过飞沙堰流入外江，同时漫过飞沙堰的水流在弯道作用下，带走大量泥沙，减少泥沙在宝瓶口附近的沉积。李冰以"深淘滩，低筑堰"为一年一度修堰时淘挖泥沙的深度原则。深淘滩是指淘挖淤积在内江底的泥沙要深些，以免内江水量过小；低筑堰是指飞沙堰的堰顶不可太高，以免洪水季节泄洪不畅。2000多年来，都江堰工程一直发挥着防洪灌溉作用，灌溉范围达40余县，灌溉面积达到66万公顷（$6.6 \times 10^3 km^2$），从此成都平原成了"水旱从人，不知饥馑"的"天府之国"。闻名于世的都江堰水利工程将鱼嘴分水堰、飞沙堰溢洪道、宝瓶口进水口三大部分有机地形成一个整体，科学地解决了江水自动分流、自动排沙、控制进水流量等工程问题，是我国古代系统工程实践的杰作。

　　北宋真宗时期，皇城失火，皇宫烧毁。宋真宗命大臣丁渭主持修复工程。皇宫修复的任务相当繁重，既要挖土烧砖，又要从外地运来大批建筑材料，还要清理废墟。为了又快又省地完成这一修复任务，丁渭经过分析之后，制定一个完整的施工方案：首先，把皇宫前面的大街挖成一条沟渠，利用挖出来的土烧砖；然后把京城附近的汴水引入沟渠，用最经济的水运方式运进砂石木材；在皇宫建筑工程完工之后，再把废弃物填入沟渠中，修复原来的大街。该方案始终把皇宫修复工程看成一个系统整体，通过挖沟渠，既省去了从远处取土问题，又把陆运改成水运，节省了工时与运输费用，同时为处理废墟问题创造了条件，这是体现我国古代统筹思想的一个典型例子。

　　20 世纪 50 年代，著名科学家钱学森以火箭为应用背景，创立了对工程系统进行分析、设计和运行控制的工程控制论，对系统工程的发展起到了重要作用。正如钱学森在 2007 年《论系统工程》中所述：工程控制论所体现出的科学思想、理论方法与应用，直到今天仍然深刻影响系统科学与工程、控制科学与工程及管理科学与工程的发展。

　　1956 年 2 月，钱学森刚回国就向中央提交了《建立中国国防航空工业的意见》，提出了发展中国导弹火箭技术的组织机构、发展思路和实施步骤。后来，他在主持国防部第五研究院的工作时，建立了由多学科配套、专业齐全、具有研制经验的高技术科技队伍组成的总体设计院，提炼出具有中国特色的具有普遍科学意义的系统工程管理方法与技术。由于中国航天工程是成功实践系统工程的典范，周恩来总理生前说过，这套办法可以应用到民用上去。

　　1979 年 10 月国防科工委和其他单位在京召开系统工程学术会议，1980 年 8 月中国系统工程学会在北京正式成立，选出了以钱学森、薛暮桥为名誉理事长、关肇直为理事长的领导机构。

　　自动控制和系统工程专家刘豹，是我国系统工程学科的开创者之一，1981 年他在《从自动化技术的发展谈到系统工程》一文中提出：随着现代控制理论和计算机技术的发展，对生产自动化提出了更高的要求，不仅要保持生产过程中某些工艺参数稳定，而且要求能源与材料消耗最少、不良率最少、生产时间最短等，这就是最优控制。进一步提出了系统工程是解决大系统最优规划、最优设计、最优管理和最优控制的一种技术，即从自动化技术发展到系统工程。我国早期大批系统工程研究者都有自动化技术背景，并且系统工程学科也被设置为自动控制下的二级学科。

　　自 20 世纪 70 年代末以来，系统工程理论和方法得到广泛应用。宋健、于景元等人用系统工程来解决人口问题，开展了"中国人口问题的定量研究"，创立了中国特色的人口学。陈锡康等人将系统工程应用到农业领域，开展了"农业投入产出技术理论与应用研究"。刘豹等人将系统工程应用到能源领域，开展了"全国和地区能源规划"。王应络等人将系统工程应用到人才规划，开展了"人才规划的系统分析"。王慧炯等人基于系统工程理论开展了"2000 年中国的研究"。马宾、于景元等人开展了"财政补贴、价格、工资综合研究"。航天 710 所运用系统工程方法，开展了"国家宏观经济预测与发展规划研究"。钱正英以系统思想为指导，主持开展了"三峡工程论证"，组织全国 400 余位各领域专家，进行了 3 年的全面深入论证，为三峡工程在全国人民代表大会获得通过奠定了基础。钱振业等人以系统工程理论为指导，开展了"中国载人航天发展战略研究"。以上研究成果为国家制定相关政策提供了重要的科学依据，受到了国内外学术界的高度评价。

以复杂大系统为研究对象的系统工程，其综合集成性特征在吸收各门学科不断出现的新成果的过程中，更显示出其优越性与实用性。

随着社会经济的发展，各种生产服务系统从无到有，规模从小到大，结构从简单到复杂，功能越来越多样，涉及领域越来越广泛。当前，如何实现创新、协调、绿色、开放、共享的发展理念，对系统工程提出了新的课题。

当今，世界经济全球化、信息化深入发展，科技进步日新月异。以大数据作为战略资源，以绿色化与智能化为发展方向，它们渗透到各行各业，从生产领域到消费领域，使系统工程的研究对象呈现出全新的面貌。

习　题

1-1　用系统的观点简述学校的结构与功能。

1-2　谈谈自然系统与人造系统的不同之处。

1-3　什么叫复合系统，复合的含义是什么？

1-4　通过学习系统思想的历史渊源，谈谈东西方系统思想的区别。

1-5　简述工程、系统工程及专业工程之间的关系。

1-6　简述我国系统工程的发展趋势。

2 系统学基础

2.1 一般系统论

在系统科学知识体系中，系统工程属于具体的应用技术；运筹学、信息论、控制论属于技术科学；而系统学属于基础科学。系统学的研究对象是一般系统，尤其是复杂系统，系统学研究系统的演化规律，主要研究系统如何从无序演化到有序。系统学是建立在奥地利生物学家贝塔朗菲的一般系统论基础之上，吸收了比利时科学家普里高津的耗散结构理论、德国科学家哈肯的协同学、法国数学家托姆的突变论及德国科学家艾根的超循环理论，这些理论构成了现代系统学的主要内容，但是系统学的理论还处在不断发展与完善之中。

2.1.1 系统的基本特征

一般系统论来源于生物学中的机体论，是在研究复杂的生命系统中诞生的。一般系统论的基础观点产生于对系统基本性质的认识。随着系统学的不断发展，人们逐步认识到一般系统的基本性质包括整体性、关联性、层次性、目的性、动态性、同形性及环境适应性等。

（1）整体性：整体性是系统首要特征。贝塔朗菲强调，任何系统都是一个有机的整体，它不是各个部分的机械组合或简单相加。系统的整体功能是各要素在孤立状态下所没有的新质。他用亚里士多德的"整体大于部分之和"的名言来说明系统的整体性，并认为系统中各要素不是孤立地存在着，每个要素在系统中都处于一定的位置上，起着特定的作用。要素之间相互关联，构成了一个不可分割的整体，同时要素也要受到系统整体的约束和限制。人们对系统的把握既要从整体中来认识部分，又要从部分中来认识整体。

（2）关联性：关联性是指系统内部各子系统之间、系统与其子系统之间和系统与环境之间的相互作用、相互依存关系。可以将关联性概括为这样几个方面：1）要素之间不可分割；2）要素与整体之间以结构为中介互相牵制；3）系统以功能为中介与环境互相影响。其中子系统之间的相互作用主要指非线性作用，它是系统存在的内在根据，而系统中的线性作用关系，不构成系统质的规定性。离开了非线性作用的关系就也无法揭示复杂系统的本质。

（3）层次性：一个系统总是由若干子系统组成的，该系统本身又可看作是更大系统的一个子系统，这就是系统的层次性。不同层次上的系统运动有其特殊性。低层次系统对高层次系统具有构成关系，高层次系统对低层次系统具有包含关系。钱学森认为物质世界有五个层次，即由渺观、微观、宏观、宇观和胀观构成，微观与渺观的交界处大约在尺度 3×10^{-25} cm；微观与宏观的交界处大约在尺度 3×10^{-5} cm，即分子大小的尺度；宏观与宇观的交界处大约在尺度 3 亿千米，即太阳系的大小；宇观与胀观交界处大约在 3×10^6 亿光年。微观物质的层次为分子、原子、原子核、质子与中子、夸克等基本粒子；宇观物质的层次为总星系、超星系团、星系团、银河系、太阳系等基本的天体物质；宏观地球系统由相互作用的大气圈、水圈、岩石圈和生物圈组成，其中地球的内部由地心至地表依次分化为地核、地幔、地壳，动物层次依次为细胞、组织、器官、系统、动物体，而植物层次依次为细胞、组织、器官、植物体。

（4）目的性：贝塔朗菲认为，一个系统的发展方向取决于系统的预决性。一个系统的发展趋势，不仅取决于系统的实际状态，同时也取决于将来要达到的最后状态的制约，这两者的接合就构成了系统的目的性。对系统目的性的理解，既要避免认为万事万物都有生命意志的物活论，又要避免认为世界的运动变化是上帝精心安排的神学目的论。

（5）动态性：世界是过程的集合体，而非既成事物的集合体，这是系统动态性的根本依据。一切实际系统由于其内外部联系的复杂相互作用，总是处于稳定与不稳定的相互转化的运动变化之中，任何系统都要经历系统的产生、发展与消亡的不可逆的过程。也就是说，系统的存在是一个动态过程，任一系统作为过程又构成更大过程的一个环节、一个阶段。

（6）环境适应性：系统总是存在于一定环境之中，系统和环境之间具有物质、能量与信息的交换。环境的变化必定对系统及其要素产生影响，从而引起系统及其要素的变化。系统要获得生存与发展，必须适应外界环境的变化，这就是系统对环境的适应性。

（7）同形性：一般系统论认为多种不同系统中存在着一般化的发展模式和发展规律。本质不同的系统会出现系统结构同一的情形，即系统同构，系统同构通常也指不同系统的数学模型之间存在着数学同构。一般系统论用微分方程组来描述系统的变化，设 Q_i 是系统元素 p_i（$i = 1, 2, \cdots, n$）的某个测度（如位移、速度、压强、温度、浓度等），而 Q_i 的变化都是所有元素测度的函数，则有下列微分方程组：

$$\begin{cases} \dfrac{\mathrm{d}Q_1}{\mathrm{d}t} = f_1(Q_1, Q_2, \cdots, Q_n) \\[2mm] \dfrac{\mathrm{d}Q_2}{\mathrm{d}t} = f_2(Q_1, Q_2, \cdots, Q_n) \\[1mm] \qquad\qquad \vdots \\[1mm] \dfrac{\mathrm{d}Q_n}{\mathrm{d}t} = f_n(Q_1, Q_2, \cdots, Q_n) \end{cases} \qquad (2\text{-}1)$$

当系统处于定态时，由

$$\frac{\mathrm{d}Q_i}{\mathrm{d}t} = 0$$

得到方程组的定态解为 Q_i^*，这些定态解在环境的作用下有可能是稳定的，也有可能不稳定。引入新变量：

$$Q_i' = Q_i^* - Q_i$$

于是方程组（2-1）变为：

$$
\begin{cases}
\dfrac{\mathrm{d}Q'_1}{\mathrm{d}t} = f_1(Q'_1,\ Q'_2,\ \cdots,\ Q'_n) \\[2mm]
\dfrac{\mathrm{d}Q'_2}{\mathrm{d}t} = f_2(Q'_1,\ Q'_2,\ \cdots,\ Q'_n) \\[2mm]
\qquad\qquad\vdots \\[2mm]
\dfrac{\mathrm{d}Q_n}{\mathrm{d}t} = f_n(Q'_1,\ Q'_2,\ \cdots,\ Q'_n)
\end{cases}
\tag{2-2}
$$

将方程组右边函数用泰勒级数展开，则得到：

$$
\begin{cases}
\dfrac{\mathrm{d}Q'_1}{\mathrm{d}t} = a_{11}Q'_1 + a_{12}Q'_{12} + \cdots + a_{1n}Q'_n + a_{111}Q'^2_1 + a_{112}Q'_1Q'_2 + a_{122}Q'^2_2 + \cdots \\[2mm]
\dfrac{\mathrm{d}Q'_2}{\mathrm{d}t} = a_{21}Q'_1 + a_{22}Q'_{12} + \cdots + a_{2n}Q'_n + a_{211}Q'^2_1 + a_{212}Q'_1Q'_2 + a_{222}Q'^2_2 + \cdots \\[2mm]
\qquad\qquad\vdots \\[2mm]
\dfrac{\mathrm{d}Q'_n}{\mathrm{d}t} = a_{n1}Q'_1 + a_{n2}Q'_{12} + \cdots + a_{nn}Q'_n + a_{n11}Q'^2_1 + a_{n12}Q'_1Q'_2 + a_{n22}Q'^2_2 + \cdots
\end{cases}
\tag{2-3}
$$

由微分方程理论可知，方程组（2-3）的一般解为式（2-4）：

$$
\begin{cases}
Q'_1 = G_{11}\mathrm{e}^{\lambda_1 t} + G_{12}\mathrm{e}^{\lambda_2 t} + \cdots + G_{1n}\mathrm{e}^{\lambda_n t} + G_{111}\mathrm{e}^{2\lambda_1 t} + \cdots \\[2mm]
Q'_2 = G_{21}\mathrm{e}^{\lambda_1 t} + G_{22}\mathrm{e}^{\lambda_2 t} + \cdots + G_{2n}\mathrm{e}^{\lambda_n t} + G_{211}\mathrm{e}^{2\lambda_1 t} + \cdots \\[2mm]
\qquad\qquad\vdots \\[2mm]
Q'_n = G_{n1}\mathrm{e}^{\lambda_1 t} + G_{n2}\mathrm{e}^{\lambda_2 t} + \cdots + G_{nn}\mathrm{e}^{\lambda_n t} + G_{n11}\mathrm{e}^{2\lambda_1 t} + \cdots
\end{cases}
\tag{2-4}
$$

式中　G——常数；

　　　λ——特征方程（2-5）的根。

$$
\begin{vmatrix}
a_{11}-\lambda & a_{12} & \cdots & a_{1n} \\
a_{21} & a_{22}-\lambda & \cdots & a_{2n} \\
\vdots & \vdots & \vdots & \vdots \\
a_{n1} & a_{n2} & \cdots & a_{nn}-\lambda
\end{vmatrix} = 0
\tag{2-5}
$$

考察特征方程（2-5）的解，当所有 λ 为负实数，或者所有 λ 为复数，但它的实部为负数，则 Q'_i 随时间增加趋于零，即 Q_i 随时间增加趋于定态 $Q_i^{\ *}$；如果有一个 $\lambda \geqslant 0$，系统就将离开稳定态。

在方程组（2-3）中，根据系统中各元素关系的不同，系统存在三种演化趋势：

（1）独立：当方程组（2-3）中所有系数 a_{ij}（$i \neq j$）都为零时，每一元素的变化只与自身有关，而系统的变化等于各元素单独变化之和，即系统具有累加性。

（2）逐步分离：当方程组（2-3）中所有系数 a_{ij}（$i \neq j$）不是常数但随时间趋于零时，则各元素之间的关系逐步减弱，最终各元素成为相互独立的部分，这种系统也称为发育系统。

（3）逐步集中：当方程组（2-3）中某一元素对应的系数在各方程中都较大，其他元素对应的系数在各方程中都较小，则这一元素成为主导元素，它的微小变化会导致整个系统的变化，基因决定生物体的生长发展，就属于这种情形。

微分方程组（2-1）所描述系统的变化规律，在工程系统、生态系统及经济社会系统的建模中，得到普遍应用，这说明不同类型的系统存在着统一的发展模式。

2.1.2 一般系统论的演化思想

贝塔朗菲创立的一般系统论，从理论生物学的角度总结了人类的系统思想。贝塔朗菲把整体性作为系统的核心性质，把生物体的机体性视为这种整体性的典范。他对生物整体性作如下的论述：物理的组织是由先已存在的分离的要素如原子、分子等发生的联合，而生物的整体则是由原来未分的原始整体分化为在结构和功能上彼此不同的各个专门化部分，然后再产生它们的协作，只有从还未分化的整体状态转化到各组成部分的分化状态上才可能有进步，但这就意味着各组成部分被固定在某种机能上，渐进分化也就是渐进机构化，机构化使生物系统的组成部分发生了分离化的趋向。然而，在生物学领域中，机构化绝不是完全的，虽然有机体部分地机构化了，但仍保持为一个统一系统，由于中心化原理在生物学领域中有特殊意义，渐进分化与渐进中心化是相统一的。又由于在渐进机构化的过程中，所形成的各部分之间存在着等级秩序，某些部分获得支配作用而决定整体的行为，这样统治部分和它的从属部分就出现了。由于中心化可以提高系统的整体性，所以贝塔朗菲认为中心化越强的系统就是越高级的系统。

2.2 系统的状态与状态变量

2.2.1 系统的状态与涨落

2.2.1.1 热力学状态

系统的状态是由系统的状态变量来描述的，状态变量是完整描述系统变化的一组变量，它应能确定系统未来的演化行为。动力学系统的状态可以用三维位移 $X(t)$ 与三维速度 $v(t)$ 来描述，有 n 个质点的系统，用 $6n$ 个状态变量就能描述系统的变化。在热力学系统中，由于气体分子的数量巨大，而且分子总处于无规则运动状态，用位置和速度这样的力学变量来描述系统的行为，显然是不可能了，但可以采用宏观状态的物理量，如温度 T、体积 V、压力 p 等。对于给定的热力学系统，需要多少个变量才能确定其状态，要由实验来决定。例如实验证明，对于一定量的某种气体，只需要温度、体积和压力中任意两个变量就能确定它的状态。

2.2.1.2 热力学定态与平衡态

系统的定态是指微观粒子在空间各处出现的概率不随时间变化，而且具有确定的能量，即热力学状态变量不随时间而变化。如果系统内部不存在物理量的宏观流动（粒子流、热流等），则称该系统处于平衡态，非平衡态是指系统中有物理量的宏观流动。

如将导热物体 A 与不同温度的热源 B、C 相连，如图 2-1 所示。经过一定时间以后，物体 A 上各点处温度不再发生变化，即达到定态；但从 B 到 C，热传递仍在持续进行，因此这种定态是非平衡的定态。可见封闭系统与开放系统的状态与环境关系密切，在一定的环境条件下，系统朝非平衡定态演化；而孤立系统的演化目标是平衡态。

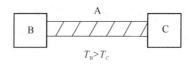

图 2-1 非平衡定态系统

2.2.1.3 系统的涨落

由大量子系统组成的系统，其宏观物理量是众多子系统的统计平均效应的反映。但系统在每一时刻的实际测度并不都精确地处于这些平均值上，而是或多或少有些偏差，这些偏差就称为涨落。涨落是偶然的、杂乱无章的、随机的。在正常情况下，由于热力学系统一般为简单巨系统，这时涨落相对于平均值是很小的，即使偶尔有大的涨落也会立即耗散掉，系统的宏观物理量总要回到平均值附近。这些涨落不会对宏观的实际测量产生影响，因而可以被忽略掉。然而，当系统状态处于临界点（如水的沸点）附近时，情况就大不相同了，这时涨落可能被不稳定的系统放大，最后促使系统达到新的宏观态。

2.2.2 系统的熵与有序度

2.2.2.1 热力学熵

1865 年德国物理学家克劳修斯提出熵（希腊语：entropia，英语：entropy）的概念，在希腊语中意为"内在"，即"一个系统内在性质的改变"，用符号 S 表示。1923 年德国科学家普朗克来中国讲学用到"entropy"这个词，我国物理学家胡刚复教授翻译时灵机一动，把"商"字加火旁来意译"entropy"这个字，创造了"熵"字，因为系统熵的变化量 dS 等于输入该系统的热量 dQ 除以系统绝对温度 T 的商数。

克劳修斯将一个热力学系统中熵的改变定义为：如果系统的热力学温度为 T，则系统熵的改变等于输入该系统的热量相对于温度的变化率，即：

$$dS = \frac{dQ}{T} \tag{2-6}$$

当系统经历绝热过程或系统在孤立的时候，系统与环境没有能量交换，即 $dQ=0$，系统总是自发地朝着熵值增大的状态变化。假如孤立系统由两个温度不同的子系统构成，则其自发过程是热量由高温（T_1）子系统传至低温（T_2）子系统，高温物体的熵减少，减少量为

$$dS_1 = \frac{dQ'}{T_1} \tag{2-7}$$

低温物体的熵增加得，增加量为：

$$dS_2 = \frac{dQ'}{T_2} \tag{2-8}$$

把两个子系统当成一个整体来看时，由于 $T_1>T_2$，所以系统熵的变化为

$$dS = dS_2 - dS_1 > 0$$

或者表示为

$$dS = \frac{dQ}{T} > 0 \tag{2-9}$$

即系统的熵是增加的。

2.2.2.2 玻尔兹曼熵

1877 年奥地利物理学家玻尔兹曼用关系式 $S \varpropto \ln W$ 表示系统的熵与无序性的关系，1900 年普朗克引进了比例系数 k 后，将玻尔兹曼熵表示为：

$$S = k \ln W \tag{2-10}$$

式中 k——玻尔兹曼常量；

W——系统某一个宏观状态对应的微观态数（组合数）。

例如，设想容器内有 10 个粒子，每一个粒子均以 0.5 的概率出现在容器的左边或右边，其中最有规律的状态是 10 个粒子都出现在容器的左边，或者都出现在容器的右边，这两种宏观状态对应的组合数都是 C_{10}^{10}，即微观态数都为 1，系统的熵均为 0；反之，最有可能的宏观状态是有 5 个粒子在左边，而另外 5 个粒子在右边，此状态对应的组合数为 C_{10}^{5}，即此状态对应的微观态数为 252，此时 $S = k \ln 252$。不难得出，另外八种状态的熵介于 0 与 $k \ln 252$ 之间。

公式(2-10)表明，熵是一个系统混乱程度的度量，当一个系统越混乱时，则微观粒子分布越均匀，即能量分布越均匀，系统的熵越大。玻尔兹曼运用统计方法，仅考察粒子在空间的分布，对应相关物理量的关系所进行的研究，对近代物理学的发展起了重要作用。

2.2.2.3 信息熵

1928 年哈特莱提出了信息定量化的初步设想，他将符号取值数 m 的对数定义为信息量，用 I 来表示，即有：

$$I = \log_a m \tag{2-11}$$

当上式中取 $a = 2$ 时，对应的信息量单位为 bit；当 $a = e$ 时，信息量单位为 nat。如两位二进制有四种取值，若取 $a = 2$，则一条两位二进制消息的信息量为 2bit。

1948 年美国数学家、信息论的创始人香农提出了信息熵的概念，这为信息论和数字通信奠定了基础。香农用信息熵的概念来描述信源的不确定度。在信源中，考虑的不是某一单个符号发生的不确定性，而是要考虑这个信源所有可能发生情况的平均不确定性。若信源符号有 n 种取值：U_1，…，U_n，对应概率为：p_1，…，p_n，且各种符号的出现彼此独立，这时，信源的平均不确定性应当为单个符号不确定性 $-\log_a p_i$ 的统计平均值 E，称为信息熵，记为 $H(U)$，则有：

$$H(U) = E(-\log_a p_i) = -\sum_{i=1}^{n} p_i \log_a p_i \tag{2-12}$$

詹尼斯于 1957 年将信息熵引入统计力学，并提出了最大信息熵原理，詹尼斯信息熵定义为：

$$S = -k \sum_{i=1}^{n} p_i \ln p_i \tag{2-13}$$

式(2-13)与式(2-12)只相差常数 k。当系统为热力学系统时，式(2-13)中的 p_i 为系统第 i 个微观态出现的概率。例如，对于孤立系统的平衡态，每一微观状态的概率 p_i 相等，且都等于 $1/W$，其中 W 为孤立系统处于平衡态时各种可能的系统微观态数，则有：

$$S = -k \log_a p_i = -k \log_a \frac{1}{W} = k \log_a W \tag{2-14}$$

当 $a=e$ 时，得到：

$$S = k\ln W \qquad (2-15)$$

2.2.2.4 有序度

系统的序是对系统元素之间规则性联系的描述，用有序度来衡量。可将有序度 R 定义为：

$$R = 1 - \frac{S}{S_{\max}}$$

式中 S——系统的熵；

$S_{\max}$——系统实现热平衡时的熵，即当系统的熵减少时，系统的有序度增大。

系统有序可以是空间、时间或功能上的有序，而空间和时间上的有序是两种基本形式。如果系统无论在时间的反演或空间的互换位置，都保持不变性，则称系统具有对称性；反之，称为对称破缺。如果系统要素在三维空间的分布具有非均匀性，则称为空间对称破缺；如果系统要素在时间演化中表现出周期性运动，则这种时间因素上的对称程度下降，形成时间对称破缺。对称破缺导致系统的熵减小，有序度增大，或者说系统的有序演化是对称破缺的结果。

2.2.3 系统的自组织

不同学科对系统的自组织定义不同，但含义大同小异，主要有以下定义：

（1）系统论的观点认为，自组织是指系统中的元素在环境的作用及系统内在机制的驱动下，发展成有序结构的过程。

（2）热力学的观点认为，自组织是指一个系统通过与外界交换物质、能量和信息，而不断地降低自身的熵，提高其有序度的过程。

（3）统计力学的观点认为，自组织是指一个系统自发地从最大概率状态向概率较低的方向迁移的过程。

（4）进化论的观点认为，自组织是指一个系统在遗传、变异和优胜劣汰机制的作用下，其组织结构和运行模式不断地自我完善，从而不断提高其对于环境的适应能力的过程。

系统自组织现象广泛存在于自然界和社会经济系统中，有些已经被人们认识并加以利用，有些还没有完全弄清其机理。例如，生命的起源及生物的进化领域，有许多谜期待着人们逐步去解开。

2.3 系统自组织理论

2.3.1 耗散结构论

2.3.1.1 耗散结构理论

A 开放是有序的前提

1969 年比利时物理化学家普里高津在一次理论物理学和生物学的国际会议上正式提出耗散结构理论，这一理论在物理学、天文学、生物学、经济学及社会学等领域都产生了巨大影响。他认为一个孤立系统的熵一定会随时间增大，当熵达到极大值时，系统达到最无序的平衡态。然而对于开放系统，系统的熵增量 dS 是由系统与外界的熵交换 d_eS 和系统内的熵产生 d_iS 两部分组成的，即：

$$dS = d_eS + d_iS$$

由于系统内的熵产生 $d_iS \geq 0$，而外界给系统注入的熵 d_eS 可为正、零或负，这要根据系统与其外界的相互作用而定，在 $d_eS < 0$ 的情况下，只要这个负熵流足够强，它除了抵消掉系统内部的熵产生 d_iS 外，还能使系统的总熵增量 dS 为负，即系统的总熵减小，从而使系统进入相对有序的状态。

B　非平衡是有序之源

耗散结构理论可概括为：一个开放系统通过不断地与环境交换物质和能量，输入负熵，在系统处于远离平衡态的非线性区域，并且环境条件达到一定阈值时，系统可能由原来的无序状态转变为一种在时间上、空间上或功能上的有序状态。这种在远离平衡的非线性区形成新的宏观有序结构，由于需要不断与外界交换物质或能量才能维持，因此称之为耗散结构。

系统在近平衡区，不可逆力（见图 2-1 中的温度梯度）与不可逆流（如热流）可近似为线性关系，线性关系成立的区域也称为非平衡线性区域，在非平衡线性区域系统向非平衡定态演化。当不可逆力趋于零时，非平衡定态会连续向平衡定态演化。对于复杂大系统，由于它们都是非线性的开放系统，当系统远离平衡态时，不可逆力和不可逆流为非线性关系，外界条件达到阈值时，各子系统间的非线性相互作用，系统有可能从无序状态发展为一种新的有序状态，即出现新的结构。

C　涨落导致有序

对于巨系统，由于子系统数目巨大，涨落相对于平均值只是随机小扰动，即使偶尔有大的涨落也会立即耗散掉，系统总要回到平均值附近，这些涨落不会对宏观的实际测量产生影响，因而可以忽略掉。然而，在临界点附近，情况就大不相同了，这时涨落可能不自生自灭，而是系统地被非线性机制放大，最后促使系统达到新的宏观态。

反映系统状态变化的非线性方程组具有多重解，瞬间的涨落和扰动造成的偶然性将支配这种对不同结果的选择，所以普里高津提出涨落导致有序的论断。

涨落主要是由于受到系统内部或外部的一些难以控制的复杂因素干扰引起的，带有随机的偶然性，然而却可以导致必然的有序，这也表明必然性要通过偶然性来表现。

2.3.1.2　耗散结构现象

A　伯纳德花纹

1900 年，法国学者伯纳德首次发现了蜂巢状的自组织花纹。在一个透明的杯子里加入一些液体，放在炉子上加热，液体在竖直方向上便产生温度差。当液层顶部和底部之间的温度差达到阈值后，下层较热的液体流入上面较冷的部分，对流开始，这时由于浮力、热扩散、黏滞力三种作用的耦合而形成液面上大范围有规则的蜂巢状花纹（"伯纳德花纹"），呈六边形网格状态。液体的传热方式由热传导过渡到了对流，每个六边形中心的液体向上流动，边界处液体向下流动，这是一种宏观有序的动态结构（见图 2-2）。这也说明系统在一定的条件下可以形成空间上的有序结构，即系统可以从无序向有序方向演化，这也是容易实现的自然现象。

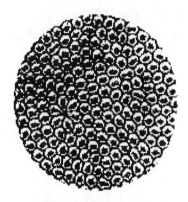

图 2-2   伯纳德花纹

B   化学钟

多年以来，人们一直认为化学反应的过程就是反应物浓度不断下降，生成物浓度不断上升，最终反应物和生成物的浓度不再随时间变化而达到平衡，然而化学振荡现象的发现，使人们的认识发生了根本性转变。1959 年苏联化学家贝洛索夫用硫酸铈盐的溶液为催化剂，在 25℃时以溴酸钾氧化柠檬酸，当把反应物和生成物的浓度控制在远离平衡态的浓度时，发现黄色溶液时而出现，时而消失，在两种状态之间振荡，呈现出具有一定节奏的"化学钟"现象。1964 年苏联化学家萨博廷斯基改进了这一实验，用铁盐代替铈盐为催化剂，用溴酸钾氧化丙二酸，出现了时而变蓝、时而变红的更加鲜明的化学振荡现象，同时还发现在容器中不同部位溶液浓度不均匀的空间有序结构，展现出同心圆形或旋转螺旋状的卷曲花纹波（见图 2-3）。

图 2-3   "化学钟"现象

2.3.1.3   布鲁塞尔模型

布鲁塞尔模型是普里高津领导的布鲁塞尔学派构造的一种理论模型，是模拟系统自组织现象的一种数学模型。这一模型可用来解释化学钟、生物钟等现象，对理解各种各样的时空有序结构的形成具有重要意义。

布鲁塞尔模型是一种化学反应模型，其方程式如下：

$$A \xrightarrow{\ k_1\ } x$$

$$B + x \xrightarrow{\ k_2\ } y + D$$

$$2x + y \xrightarrow{\ k_3\ } 3x \tag{2-16}$$

$$x \xrightarrow{\ k_4\ } E$$

式中　　A，B——反应物；

　　　　x，y——中间产物；

　　　　D，E——生成物；

k_1，k_2，k_3，k_4——各方程的反应速率。

由化学动力学可得以下微分方程组：

$$\begin{cases} \dfrac{\mathrm{d}x}{xt} = k_1 A - k_2 Bx + k_3 x^2 y - k_4 x \\[2mm] \dfrac{\mathrm{d}y}{xt} = k_2 Bx - k_3 x^2 y \end{cases} \tag{2-17}$$

式中　A，B，x，y，D，E——该物质的状态变量（如浓度）。

为便于求解，设 $k_1 = k_2 = k_3 = k_4 = 1$，则式（2-17）的定态解为：

$$\begin{cases} x_0 = A \\[2mm] y_0 = \dfrac{B}{A} \end{cases} \tag{2-18}$$

在定态点附近作线性稳定性分析，令

$$\begin{cases} x = x_0 + \Delta x \\ y = y_0 + \Delta y \end{cases} \tag{2-19}$$

将 x、y 代入式（2-17）后，去掉 Δx、Δy 的高次项得：

$$\begin{cases} \dfrac{\mathrm{d}\Delta x}{\mathrm{d}t} = (B - 1)\Delta x + A^2 \Delta y \\[2mm] \dfrac{\mathrm{d}\Delta y}{\mathrm{d}t} = B\Delta x - A^2 \Delta y \end{cases} \tag{2-20}$$

令 $\Delta x = a\mathrm{e}^{\lambda t}$，$\Delta y = b\mathrm{e}^{\lambda t}$，代入式（2-20）后消去 $\mathrm{e}^{\lambda t}$ 得：

$$\begin{cases} (\lambda - B + 1)a - A^2 b = 0 \\ Ba + (\lambda + A^2) = 0 \end{cases} \tag{2-21}$$

得特征方程为：

$$\lambda^2 - \omega\lambda + T = 0 \tag{2-22}$$

其中，$\omega = B - 1 - A^2$，$T = A^2$。

当 $\omega < 0$，即 $B < 1 + A$ 时，特征方程（2-22）有两个负实部的共轭复根，表明随着时间增大，Δx、Δy 均趋于零，即定态点（x_0，y_0）是稳定点。

当 $\omega > 0$，即 $B > 1 + A$ 时，特征方程（2-22）有两个正实部的共轭复根，表明随着时间增大，Δx、Δy 均趋于增大。由于式（2-17）中非线性项的存在，这导致（Δx，Δy）最终被限定在一定范围内，在相平面内出现了稳定的极限环，并且中间产物的浓度变化量

Δx 与 Δy 均是 t 的周期函数，这就产生了化学振荡。若同时考虑浓度差及扩散因素，系统可能出现空间分布的有序现象，即化学波。

2.3.2　协同学

1969 年从事激光理论和相变研究的德国物理学家哈肯提出"协同学"一词，1973 年发表了《协同学》，1977 年创作了《协同学导论》，1983 年发表了《高等协同学》，1995年发表了《协同学——大自然构成的奥秘》，这使协同学成为系统学的重要分支。

2.3.2.1　协同学原理

协同效应是指由于协同作用而产生的结果，是指复杂开放系统中大量子系统相互作用而产生的整体效应。各种各样的自然系统，均存在着协同作用，这种协同作用能使系统在临界点产生协同效应，使系统从无序变为有序，即协同导致有序。然而，协同是如何产生的？哈肯认为：系统表现为无序，归根结底是因为存在使系统处于无序的多种因素，这些因素相互竞争，没有哪一种因素能取得压倒一切的优势；但当环境条件达到某个临界点，往往只剩下两个（或多个）因素势均力敌，难分上下，这时加上偶然性的作用，就可以使天平导向一边，某种因素趋于主导，掌握全局，其他因素在形势的作用下，迅速与主导因素相向而行，或者其作用可忽略不计，导致系统新的有序状态脱颖而出。其中在临界点出现的偶然性就是涨落，两种因素不再同等（对称），就是对称破缺。另一种情形可能是两种或多种因素共同作用，形成一种共同主导新状态的局面。协同学认为，大多数因素对应的变量称为快变量，起主导作用因素对应的变量称为慢变量，也称为序参量。当系统处于无序状态时，对应的序参量值为零；当系统趋于临界点时，序参量取最大值。哈肯认为：快变量服从慢变量，即序参量支配系统的行为，并称其为支配原理。

不同的系统有不同的序参量，在化学反应中，反应物的浓度为序参量；在激光系统中，泵激光场强度就是序参量。产生激光的物质一般需要两个以上的能级，对于三能级原子系统，当处于低能级的稳定粒子在能量的激发下，不断跃迁到不稳定的高能级，粒子随后将释放光子回落到亚稳态或低能级的稳态，由于回落到亚稳态的粒子可以保持较长时间，这样激发的结果，使低能态粒子越来越少，而亚稳态的粒子越来越多，最后超过低能态的粒子数，形成粒子数反转，使受激辐射过程强于吸收过程，此时诱发光子激发亚稳态的粒子产生受激辐射，得到两个完全一样的光子，两个光子继续激发两个亚稳态粒子产生受激辐射，得到四个一样的光子，如此连锁反应，同时通过光学谐振腔的放大，产生高亮度的激光。所有的原子由于谐振腔的相干作用而协同整齐地辐射单色光，这是自然界典型的协同现象。哈肯在《高等协同学》中用微分方程组对序参量及支配原理进行了论证。

2.3.2.2　协同学应用

协同学广泛应用于各种不同系统的自组织现象的分析、建模、预测及决策等过程中。如化学领域中的各种化学钟、化学波的形成问题，经济学领域中的经济繁荣与衰退问题，技术领域的技术革新问题，社会学领域中的舆论形成及社会体制形成问题等。城市的形成与变迁是政治、经济、交通、文化、自然（地形、气候、水、资源）等多种因素综合作用的结果，但是，在多种因素中，起决定作用的序参量往往只有几个，只要认真调查、分析，把握时机，抓住牛鼻子，采取切实有效措施，适度调控，就能使系统朝着预期的方向及预期的进度发展。

企业的协同是指构成企业的各单位在确定的统一目标下，在资源配置的管理过程中，实现各个单位之间各种资源的相互协作和共享。2000年英国学者坎贝尔认为协同就是"搭便车"，当企业一个部分中积累的资源通过横向关联，无成本地应用于企业的其他部分的时候，协同就发生了。协同互补是通过对可见资源的使用来实现的，而协同效应是通过对隐性资产的使用来实现的。2004年英国学者欣德尔认为，企业可以通过共享技能、共享资源、协调战略、垂直整合、与供应商的联合等方式实现协同。企业协同具有静态横向协同与动态进程协同的双重特性。通过协同作用，使企业的各种关系发生变革，促成企业结构的有序转变，最终实现企业效率的提升。

2.3.3 突变论

在自然界和人类社会活动中，除了连续的变化现象外，还存在着大量突然变化现象，如物质状态变化的相变、桥梁的崩塌、地震、细胞分裂、物种变异、生物病变、金融危机、经济危机、政治危机、战争爆发等。

20世纪60年代法国数学家托姆为了解释胚胎学中的成胚过程提出了突变论。1967年发表了《形态发生动力学》，1972年发表了《结构稳定性与形态发生学》。突变论既是数学的分支，也是系统学的分支。

突变论认为，突变是系统在演化过程中，某些变量的连续渐变导致系统状态的突然变化，即系统从一种稳定状态跃迁到另一种稳定状态。当系统处于稳定态时，表明该系统状态的某一函数取一定的值。当参数在某个范围内变化，该函数有不止一个极值时，系统必然处于不稳定状态。随着参数的变化，系统突然从一种稳定状态进入不稳定状态，随即进入另一种稳定状态，即系统的状态在一瞬间发生了突变。

突变论用系统的势函数来描述系统的突变行为，系统的势是由组成系统的各元素的相互关系及系统与环境的相互关系决定的。假设系统的状态变量为：

$$(x_1, x_2, \cdots, x_n) \in R^n$$

而系统的外部控制变量为：

$$(u_1, u_2, \cdots, u_m) \in R^m$$

它表示影响系统行为状态的诸多因素。用势函数来描述系统的突变行为，假如势函数为：

$$V(x_1, x_2, \cdots, x_n; u_1, u_2, \cdots, u_m)$$

并令

$$M = \left\{ (x_1, x_2, \cdots, x_n; u_1, u_2, \cdots, u_m) \in R^n \times R^m; \frac{\partial V}{\partial x_1} = \frac{\partial V}{\partial x_2} = \cdots = \frac{\partial V}{\partial x_n} = 0 \right\}$$

$$(2-23)$$

则集合 M 确定了一个突变流行。当控制变量在 R^m 上某一特定区域取值时，系统状态产生突变。

当状态变量数为1时，势函数的泰勒展开式忽略5阶以上的高次项后为：

$$V(x) = c_0 + c_1 x + c_2 x^2 + c_3 x^3 + c_4 x^4 \tag{2-24}$$

通过移动 x 轴的原点，去掉 x^3 项，可以将式（2-24）简化为：

$$V(x) = x^4 + u_1 x^2 + u_2 x \tag{2-25}$$

在平衡点处有：

$$4x^3 + 2u_1x + u_2 = 0 \qquad (2-26)$$

满足式（2-26）的点（x，u_1，u_2）在 R^1R^2 空间中的图形如图 2-4 所示。

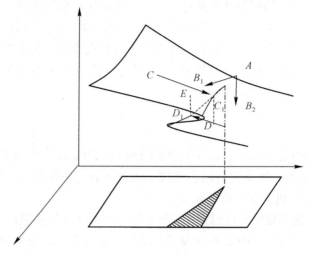

图 2-4　尖角突变模型

由图 2-4 得到下面几种现象：

（1）突跳，如 $C_1 \rightarrow D$。

（2）分叉，如 $A \rightarrow B_1$，B_2。

（3）不可达区，图中折面部分。

（4）延迟，如 $CC_1 \rightarrow D$ 和 $DD_1 \rightarrow E$。

当描述系统状态的变量数小于 3、控制变量数小于 5 时，突变模型见表 2-1，其中突变模型是根据系统突变发生时控制变量在 R^m 上轨迹的形状命名的。

表 2-1　突变模型

序号	状态变量数	控制变量数	突变模型	标准势函数
1	1	1	折叠	$x^3 + ux$
2	1	2	尖点	$x^4 + u_1x^2 + u_2x$
3	1	3	燕尾	$x^5 + u_1x^3 + u_2x^2 + u_1x$
4	1	4	蝴蝶	$x^6 + u_1x^4 + u_2x^3 + u_3x^2 + u_4x$
5	2	3	椭圆脐点	$x_1^3 - x_1x_2^2 + u_1\ (x_1^2 + x_2^2)\ + u_2x_1 + u_3x_2$
6	2	3	双曲脐点	$x_1^3 + x_2^3 + u_1x_1x_2 + u_2x_1 + u_3x_2$
7	2	4	抛物脐点	$x_2^4 + x_1^2x_2 + u_1x_1^2 + u_2x_2^2 + u_3x_1 + u_4x_2$

突变论对系统状态发生非连续变化的研究，不需要知道系统特殊的内部机制，模型应用相对简单，因而广泛应用于不同领域。

2.3.4　混沌理论

在我国古代混沌是指气形质混为一体，天地未开之前的混乱状态。在系统学中，混沌是指确定性系统中出现的一种貌似无规则的，类似随机的现象，是非线性系统中一种特殊的运动状态。混沌具有对初始条件的敏感性，"差之毫厘，失之千里"就是反映这种现象的。混沌现象广泛存在于自然界和经济社会系统中，人们把具有混沌现象的系统称为混沌系统。混沌理论是寻求混沌现象规律的学科，它为系统的演化研究提供了新思想。混沌理论的创立，影响了基础科学的许多领域，使人们对自然界的认识更加深刻，是 20 世纪最重要的科学成就。混沌具有以下重要特征。

2.3.4.1 确定性系统内在的随机性

简单的确定性的发展过程可以导致看起来杂乱无章的随机的复杂结果，如生态学中的虫口模型（即 Logistic 方程）是极为简单的确定性模型。该模型假定成虫孵化出下一代后全部死亡，当虫口增长率大于 1 时，虫口会迅速增长，但随着虫口增长，群虫争夺有限食物，加之传染病因虫间接触而蔓延，虫口又会减少。产卵数正比于虫口数，虫间争斗和接触正比于虫口数平方，则有迭代方程：

$$x_{n+1} = \lambda x_n(1 - x_n) \tag{2-27}$$

式中　λ——增长率；

　　n——迭代步数；

　　x_n——第 n 代实际虫口数量 N_n 与一定环境下虫口的最大容量 N_0 之比，即：

$$x_n = \frac{N_n}{N_0} \tag{2-28}$$

因此，有 $x_n \in [0, 1]$。

当 $\lambda > 4$ 时，如 $x_1 = 0.5$，$x_2 > 1$，无意义，所以 $\lambda \in [0, 4]$。

当 $\lambda \in [0, 3]$ 时，系统会最终收敛于 1 个稳定点；

当 $\lambda \in (3, 3.44949\cdots)$ 时，系统有 2 个稳定点；

当 $\lambda \in (3.44949\cdots, 3.54409\cdots)$ 时，系统有 4 个稳定点；

当 $\lambda \in (3.54409\cdots, 3.56407\cdots)$ 时，系统有 8 个稳定点；

$$\vdots$$

随着 λ 的增大，表现出倍周期分岔规律，当 $\lambda = 3.7$ 时，系统有无穷多个解，周期运动消失，进入混沌状态（见图 2-5）。该图表现出从分岔的周期运动到混沌的变化过程，后来人们发现一个系统一旦发生倍周期分岔，必然导致混沌。

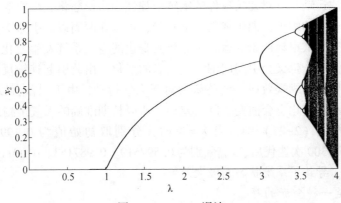

图 2-5　Logistic 混沌

1963 年美国气象学家洛伦兹在研究大气环流时，得出了著名的 Lorenz 方程：

$$\begin{cases} \dfrac{dx}{dt} = \sigma(y - x) \\[2mm] \dfrac{dy}{dt} = \gamma x - y - xz \\[2mm] \dfrac{dz}{dt} = -\beta z + xy \end{cases} \tag{2-29}$$

式中　x——大气对流速率；

　　　y——垂直温差；

　　　z——垂直温度梯度；

σ, γ, β——参数。

由式（2-29）可以得出：当 $\gamma>1$ 时，出现两个稳定点；当 $\gamma>15$ 时，出现极限环；当 $\gamma>20$ 时，形成奇怪吸引子。如取 $\sigma=10$，$\gamma=28$，$\beta=8/3$，时，求出方程的组解，并将求解结果在 x、y、z 三维相空间中画出后，得到解的轨迹如图 2-6 所示。图中有一条在三维相空间中似乎无序（即随机）地左右回旋的连续曲线，称为奇怪吸引子，也称为混沌吸引子或洛伦兹吸引子，它来回盘旋形成浑然一体的左右两簇，宛如颤动中的一对蝴蝶翅膀。

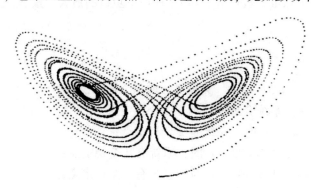

图 2-6　洛伦兹吸引子

2.3.4.2　对初始条件的敏感依赖性

洛伦兹在一次实验中，将初值 5.06127 输入为 5.06，结果得出了两份截然不同的天气预报。这表明混沌运动具有对初始条件的敏感依赖性，洛伦兹将它形容为一只南美洲亚马孙河流域热带雨林中的蝴蝶，偶尔扇动几下翅膀，可以在两周以后引起美国得克萨斯州的一场龙卷风。由于蝴蝶扇动翅膀的运动，导致其身边的空气系统发生变化，并产生微弱的气流，而微弱气流的产生又会引起周围空气状态的变化，由此引起连锁反应，最终导致系统状态的巨大变化，即蝴蝶效应。他还认为对于大气运动，由于误差会以指数形式增长，初始条件十分微小的变化也会演变成巨大差异，所以长期准确的天气预测是不可能的。

在 Logistic 方程（2-27）中，当 $\lambda=4$ 时，分别取初始值为 0.199999、0.200000、0.200001，则经过 300 次迭代后，x_{300} 分别为 0.597519、0.987153、0.001108，这表明初始条件的微小变化，导致了系统状态的极大差异。

2.3.4.3　是一种全新的序

混沌现象不是杂乱无章，毫无秩序的。美国物理学家费根鲍姆发现的 Feigenbaum 常数描述了一类混沌现象的普适性。如在 Logistic 方程中，导致系统的稳态点出现倍周期行为的分岔点 λ_k（$k=1$，2，…）满足下式：

$$\delta = \lim_{k \to \infty} \frac{\lambda_k - \lambda_{k-1}}{\lambda_{k+1} - \lambda_k} = 4.6692016609 \tag{2-30}$$

混沌运动是一种典型的非周期运动。混沌行为用奇怪吸引子来描述，状态变量在相空间中的运动轨迹具有自相似性，即局部与整体相似，具有分形结构。洛伦兹吸引子的分维数为 2.06，其轨迹在相空间无穷缠绕、折叠和扭结，构成具有无穷层次的自相似结构。其中分形维数定义为：如果某图形是由原图形缩小为 $1/r$ 的相似的 N 个图形组成，则有：

$$r^D = N$$
$$D = \log N / \log r \tag{2-31}$$

式中　D——分形维数。

例如，Koch 分形曲线的绘制如图 2-7 所示。

图 2-7　Koch 曲线第一次分形

从一条线段开始，将线段中间的三分之一部分用一个等边三角形的两边代替，形成四条线段的折线，再将每条线段重复这一作图过程，变为十六条线段的折线，不断重复这一作图过程得到 Koch 分形曲线。由式（2-31）得，Koch 曲线的分维数是 1.26。

此外混沌还具有遍历性，即为各种状态都要经历，也就是混沌运动经历其吸引域以内的各个状态点，并且其运动轨迹不会交叉重复。

系统的混沌态从局部来看是不稳定的，但是从整体上来看是稳定的，因为吸引子表示稳定态，其运动轨迹始终在一个固定的区域（即混沌吸引域）内。混沌态从表面和局部来看是无序的，但从深层次和总体来看是有序的。由于非线性系统的混沌态都是系统在原有定态基础上，经失稳并出现新的定态，即经过定态的倍周期分叉演化而来，因此系统的混沌态是非平衡非线性系统演化的一种归宿。

耗散结构理论、协同学、突变论分别研究系统从无序演化到有序的条件、机理及途径。那么，当系统从无序发展到有序后，系统又如何继续发展？一般认为系统将从有序到混沌，再到新的有序，或者相反，从有序经反混沌态（表面有序，深层无序的状态），再到无序。

习　题

2-1　举例说明系统宏观状态变量与微观变量之间的关系。

2-2　系统学中"1+1>2"的含义是什么？

2-3　什么叫系统自组织，如何依据自组织原理对系统进行更有效的管理？

2-4　耗散结构理论、协同学、突变论与混沌理论的主要观点是什么，它们有哪些共同点与不同点？

3 系统工程方法论

方法论是关于人们认识世界与改造世界的根本方法的理论，即是人们用什么样的方法来认识和处理问题。方法论是一种以解决问题为目标的理论体系，是对一系列具体的方法进行分析研究、系统总结并最终提出较为一般性的原则。方法是完成既定目标而采取的具体手段与行为方式，而方法论是对方法使用的指导。

系统工程方法论是为了解决系统问题而提供的一套关于选择具体方法的思想、原则和步骤的知识体系，也是新建、经营或改善大型复杂系统的一套程序化方法，也是为实现系统的预期目标，运用系统工程技术解决问题的工作步骤或程序。

系统工程方法论处理大型复杂系统问题需要以系统理论为依据，遵循整体性、相关性、动态性、综合性、目标优化等基本原则。

系统工程方法论主要包括霍尔三维结构方法论、切克兰德软系统方法论、综合集成方法论与物理–事理–人理系统方法论等。

3.1 霍尔三维结构方法论

霍尔"三维结构"是美国系统工程专家霍尔于 1969 年提出的一种系统工程方法论，该方法论为解决大量工程系统的建设、经营及改善提供了一套统一的工作程序。由于大型工程项目具有投资大、周期长、需要多种技术等特点，同时工程涉及的利益关系广泛，从而关注度高，因此必须对其一生各阶段进行全面、深入、科学、规范地决策管理。

霍尔三维结构从工作步骤、思维逻辑和知识应用三个维度来处理系统问题，如图 3-1 所示。三个维度分别称为时间维、逻辑维与知识维，其中时间维表示系统工程活动从开始到结束按时间顺序排列的全过程，分为规划、拟订方案、研制、生产、安装、运行、更新 7 个时间阶段；逻辑维是指每一阶段内应该遵循的思维程序，包括明确问题、确定目标、系统综合、系统分析、系统优化、系统决策、系统实施 7 个逻辑步骤；知识维是指完成各阶段及各步骤需要运用包括自然科学、社会科学、管理科学、技术科学、工程科学等各种知识和技能。

（1）时间维表明系统工程的 7 个阶段是前后关联，依次进行，各阶段的主要工作为：

1）规划阶段：调研与预测，制定总体规划。

2）拟订方案：提出与制定具体的实施方案。

3）研制阶段：根据设计方案进行系统设计，同时制定生产计划。

4）生产阶段：进行零部件的生产与系统的装配。

5）安装阶段：系统安装、调试及试运行。

6）运行阶段：系统使用、维护、检查与修理。

7）更新阶段：系统更新或改造。

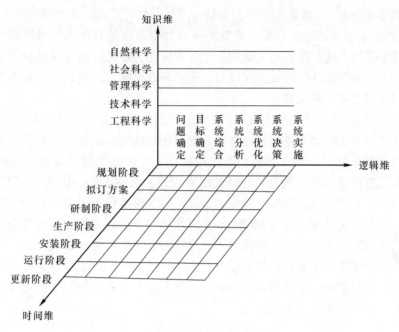

图 3-1　霍尔三维结构

（2）将逻辑维的七个步骤展开，其内容涉及系统工程的许多方面，同时也涉及运筹学的相关领域。

1）明确问题：对系统问题的思考，首要任务是明确问题。通过收集与问题相关的资料与数据，把握技术、经济发展的方向，确定问题的性质；否则，以后的许多工作可能会劳而无功，造成很大浪费。

2）目标确定：在明确工作目的以后，需要确定系统要完成的具体任务（即系统的目标）以及评价体系。系统要实现的目标决定了系统的发展方向，往往也是综合评价指标体系的关键指标。

3）系统综合：根据现有技术、装备、资源与环境等各种条件，拟定实现预期目标的各种方案。

4）系统分析：为了分析方案在实施中的预期效果，通常需要建立系统的优化模型进行定量分析，这是对方案进行深入分析的需要。

5）系统优化：对建立的各种优化模型进行求解计算，寻找最优策略。

6）系统决策：依据决策者的偏好，对各优化方案进行综合评价，选择实施方案。

7）方案实施：制定实施计划，并按计划推进工程的各项活动。

（3）为完成上述各阶段、各步骤工作，霍尔把需要运用到的知识分为工程、医药、建筑、商业、法律、管理、社会科学和艺术等。如在进行交通系统与通信系统建设时，需要应用交通工程、通信工程、信息工程，以及与各类工程相关的专业基础知识与管理等方面知识。

霍尔三维结构方法论具有以下工程性、系统性、最优性的特点。

1）工程性：由于系统工程的来源与 20 世纪 40 年代初美国贝尔电话公司对发展微波通信网络的处理（称为系统工程），以及 20 世纪 40 年代中期，美国兰德公司对武器系统的研制（称为系统分析），都是工程师的贡献，因此它具有工程科学的特点。

2）系统性：是指该方法论着眼于系统整体，其自身也是有机的技术体系。其中时间维的7个阶段要求对系统一生进行全面考察，各阶段还需要通过信息反馈机制进行相互联系；逻辑维的七个步骤也往往需要多次反复，不断修改目标，补充和扩充新的方案，完善系统模型，以便做出更好的选择。

3）最优性：是指该方法论的系统分析阶段，往往用数学模型进行最优化分析。

霍尔三维结构方法论属于硬系统方法论，硬系统是指在一定条件下存在最优的内部结构，人们可以发现系统内各部分间的相互作用规律，并依此实现对系统运行的预测和控制。由于硬系统方法论在各工程系统领域的成功应用，促使人们力图将之用于解决社会、经济问题。但是，人们发现过分的定量化、过分的数学模型化难以解决社会实际问题。究其原因在于：该方法论处理一些问题时太硬，定性考虑不够，人的因素也考虑不够。当人成为系统中的要素时，由于人的主观能动性，系统的发展不可能由系统外的人为控制因素单独决定，因此运用硬系统方法论解决涉及社会、政治、经济、生态等与人的因素相关的软系统问题时，其局限性日益暴露出来。针对这些不足，自20世纪70年代以来，出现了解决软系统问题的软系统方法论。

3.2　切克兰德软系统方法论

切克兰德软系统方法论是英国兰切斯特大学切克兰德教授于1981年首次提出的。软系统方法论的任务是提供一套系统方法，使得在系统内的成员间开展自由、开放的辩论，征求各方面意见，最后达成对系统进行改进的方案。硬系统方法论的观点中，存在一个明确的需要设计的系统，该系统目标、结构、环境等是明确的。而在软系统方法论观点中，软系统的边界、目标等是难以定义的，对需要改善的系统往往有许多可能的表达，软系统问题不能用数学模型来描述，属于非结构性问题。由于软系统问题加入了人的直觉与经验判断，因此只能用半定量、半定性或者定性方法来进行处理。切克兰德软系统方法论包括以下7个阶段。

阶段1：软系统问题的提出。

阶段2：收集与问题有关的信息，表达问题现状，即从广泛的处于问题情景中的人们那里收集尽可能多的对问题的表达，它是对问题的直觉认识。

阶段3：相关系统的根定义，即对与问题相关的软系统进行基本定义。根定义表明，从分析者的角度来看，采用该定义最有可能把问题阐述清楚，使问题得到解决。进行根定义的目的是弄清系统问题的关键要素及关联因素，为系统的研究确立基本的看法，它包含有6个基本成分：顾客、执行者、转变过程、世界观、所有者、环境因素。其中顾客为系统的服务对象；执行者为实现系统变换的行动者；转变过程为系统输入输出的变化过程；世界观主要表现为价值观，即人们对问题的看法不同，立场与利益各异，价值观不同；所有者为有权决定系统的启动和终止者；环境因素包括自然、社会、文化等各方面因素。

阶段4：构造和检验概念模型。构造根定义中所要求活动的形式系统模型，根定义主要描述系统是什么，而概念系统则需要描述系统必须做什么，才是符合根定义规定的系统。为了保证概念系统的正确性，需要用形式系统模型及系统思想进行对照。概念模型是对待解决问题的相关系统的抽象描述，它不是数学模型，而是概念模型。

阶段5：概念模型与现实系统的比较。将建立的概念模型与当前系统现状进行比较，这种比较将引起关于改善问题的情景讨论，同时这种讨论也有可能导致对根定义的改进与完善，这是一个学习过程。

阶段6：对系统变革进行评估，制定理想模型的推进计划与实施步骤。

阶段7：方案实施。采取实际行动，循序渐进地推进改革措施。

方案实施的结果又将导致新的问题情景，这需要进行新一轮谋划。

软系统方法论所面对的问题也称为议题，即有争议的问题。硬系统方法论中的问题可用数学模型来进行分析，并寻找最优解，整个过程是一个优化与决策过程；而软系统方法论是通过建立使问题得到解决的概念模型来加深对议题的认识，在构建概念模型过程中寻求可行满意方案，整个过程是一个学习过程。

3.3 从定性到定量的综合集成法

从定性到定量的综合集成法是我国科学家钱学森1990年提出的关于开放的复杂巨系统的方法论，是在对社会、人体、军事与地理等复杂巨系统的研究与实践基础上提炼、概括和抽象出来的。它将科学理论、经验知识和专家判断相结合，形成和提出经验性假设，这些经验性假设不能用严谨的科学方式加以证明，但需要用经验性数据对真实性进行检验。通过感性的、理性的、经验的、科学的、定性的和定量的知识综合集成，实现从定性到定量的认识。综合集成过程包括三个阶段。

（1）定性综合集成。综合集成方法首先是对复杂巨系统提出问题、形成经验性假设。它需要不同学科、不同领域专家构成的专家体系深入研究、逐步形成共识，即把不同领域专家的科学理论、经验知识及专家智慧集中起来，从不同层次、不同方面和不同角度去研究复杂巨系统的同一问题，以便获得较为全面的认识。把多种学科知识用系统方法联系起来，明确系统结构、系统环境和系统功能，对所研究的问题形成定性判断、提出经验性假设，如猜想、设想、对策与方案等。但是专家体系形成的共识是经验性的，还不是科学结论，仍需要精密论证。从思维科学角度来看，这个过程以形象思维为主，是信息、知识、智慧的定性综合集成。

（2）定性定量相结合综合集成。为了证明或验证经验性判断，需要把定性描述上升到系统整体的定量描述。这种定量描述一般采用指标体系，包括描述性指标、相关性指标及评价指标等。专家体系利用机器体系的丰富资源和定量处理信息的强大能力，通过建模、仿真和实验等来实现集成功能。对于简单系统及简单巨系统的研究，一般采用数学模型，但对复杂巨系统，往往需要新的建模方法，如基于规则的计算机建模在复杂巨系统领域得到发展。在机器体系支持下，根据数据和信息体系、指标体系、模型体系和具体方法体系，专家们对定性综合集成提出的经验性假设与判断进行系统仿真与实验，这相当于用系统实验来证明和验证经验性假设与判断。通过系统仿真与实验，对经验性假设与判断给出系统的定量描述，增强对问题的定量认识。

（3）从定性到定量综合集成。定性综合集成形成问题的经验性假设与判断的定性描述，经过定性定量相结合综合集成获得定量描述。但是，如果定量描述不足以支持证明和验证经验性假设和判断的正确性，则需要提出新的修正意见，直到能从定量描述中证明和验证了经验性假设和判断的正确性，获得满意的定量结论。如果定量描述否定了原来的经验性假设和判断，则要提出新的经验性假设和判断，再重复上述过程。

通过以上综合集成的三个阶段，就实现了从经验性的定性认识上升到科学的定量认识。虽然每循环一次都是结构化处理，但其中已融进了专家的科学理论、经验知识和智慧，如调整模型、修正参数等。实际上，综合集成过程是运用了一个结构化序列去逼近一个非结构化问题，逼近到专家们都认为可信和满意为止，这体现了以人为主，而不是靠机器体系去判断。

定性到定量的综合集成法的特点如下：

(1) 定性研究与定量研究有机结合。

(2) 科学理论与经验知识相结合。

(3) 应用系统思想把多种学科结合起来进行综合研究。

(4) 根据复杂巨系统的层次结构，把宏观研究与微观研究统一起来。

(5) 有计算机系统支持，具有综合集成的功能。

从定性到定量综合集成研讨厅体系是实现综合集成方法的实践形式。它是将有关的理论、方法与技术集成起来，构成一个供专家群体研讨问题的工作平台。把这套方法用于国家各个层次的决策支持时，中央、地方和各部门都可有自己的研讨厅。由于信息网络的出现和发展，可以用信息网络把这些分布式的研讨厅联系起来，形成研讨厅体系，它不仅信息交流快捷而方便，而且网上资源丰富并得以共享。这样的研讨厅体系，实际上是人、机结合，人、网结合的信息处理系统、知识生产系统、智慧集成系统，是知识生产力和精神生产力的实践形式。

从定性到定量综合集成法是方法论的创新，从定性到定量综合集成研讨厅体系是这一新方法论运用于各种工程的实践形式，是社会思维的一种重要运用，也是当前与今后重要的知识创新、知识生产形式。

3.4　物理-事理-人理系统方法论

3.4.1　物理-事理-人理系统方法论概述

1978 年钱学森指出，相当于处理物质运动的物理，运筹学也可以称为事理；1979 年美国著名系统工程专家李跃滋建议加上人理；20 世纪 90 年代我国学者顾基发与朱志昌，提出了物理-事理-人理系统方法论。

在物理-事理-人理系统方法论中，物理是指物质运动变化原理，既包括狭义的物理，还包括化学、生物、天文、地理等自然科学知识，主要研究物是什么，以及其运动、变化、演变、转化的规律。事理是指做事的道理，主要解决如何去安排，通常用到运筹学与管理科学方面的知识，主要回答怎样去做。人理是指做人的道理，通常要用人文社会科学与行为科学方面的知识，在解决实际问题中，处理任何事与物都离不开人去做，而判断这些事与物是否得当要由人来完成，所以系统实践必须充分考虑人的因素。人理的作用反映在人生观、世界观、文化、信仰、宗教与情感等方面，特别表现在处理事与物过程中的利益观与价值观上，通人理才能激励人的创造力、唤起人的热情、开发人的智慧。在系统认识与系统实践中，人理对物理与事理必将产生影响。例如，对于资源与土地匮乏的国家，发展核电是一种经济的选择，但可能受到当地居民的反对、抗议乃至否决，这就是人理的作用。

系统实践活动是物质世界、系统组织和人的动态统一，应将物理、事理和人理三方面及其相互关系进行统一考虑。仅重视物理与事理，而忽视人理，做事难免机械，缺乏变通与沟通、感情与激情，甚至主动性、积极性与创新性受挫，影响系统整体目标的实现。一味地强调"人理"，而忽视物理与事理，同样会使工程失败。例如，献礼工程、首长工程与形象工程等就是因为事前未进行广泛调查，未征求多方面意见与建议，仅凭首长及少数专家的愿望而导致工程失败。

3.4.2 物理-事理-人理系统方法论的内容

物理-事理-人理系统方法论的内容见表3-1。

表3-1 物理-事理-人理系统方法论的内容

项目	物 理	事 理	人 理
对象	客观物质世界	组织、系统	人、群体、关系
内容	法则、规则	管理和做事的道理	为人处事的道理
焦点	是什么？功能分析	怎样做？逻辑分析	如何实现？人文分析
原则	诚实；追求真理	协调；追求效率	讲人性、和谐；追求成效
所需知识	自然科学	管理科学、系统科学	人文知识、行为科学

3.4.3 物理-事理-人理系统方法论的工作过程

物理、事理和人理方法论的一般工作过程分为7步：
（1）理解意图。
（2）制定目标。
（3）调查分析。
（4）构造策略。
（5）选择方案。
（6）协调关系。
（7）实现构想。

这些步骤中协调关系贯穿于整个过程，不仅仅是协调人与人的关系，而且要协调每一实践阶段中物理、事理和人理的关系，每一阶段三方面的侧重不同，要求三者同时处理妥当；协调意图、目标、策略、方案、构想间的关系；协调系统实践的投入、产出与成效的关系。

例如，系统工程实践者在理解用户意图后，结合具体的观察和以往的经验形成对考察对象一个粗略的概念原型，并初步明确了实践目标，以此开展调查工作，调查分析的结果是将粗略的概念原型转化为详细的概念模型，目标得到了修正，并形成了策略和具体方案，并提交用户选择。只有经过真正有效的沟通后，实现的构想才有可能为用户所接受，并有可能启发新的意图。

习　题

3-1　简述硬系统方法论与软系统方法论的区别。

3-2　从定性到定量综合集成法的实质是什么？

3-3　简述物理-事理-人理系统方法论的特点。

3-4　霍尔三维结构方法论、切克兰德软系统方法论、综合集成方法与物理-事理-人理系统方法论之间有什么关系？

4 系统分析与系统模型

4.1　系统分析概述

4.1.1　系统分析的含义

系统分析（Systems Analysis）是美国兰德公司在 20 世纪 40 年代末首先提出的，最早应用于武器技术装备研究，后来应用于国防装备体制与经济领域。随着科学技术的发展，其适用范围逐渐扩大，包括制订政策与组织体制建设的分析，以及对物流系统、信息系统等方面的分析。

系统分析的含义有广义与狭义之分，广义的系统分析就是系统工程，而狭义的系统分析是系统工程的一个逻辑步骤，是系统工程活动的重要内容。

系统分析是运筹学的扩展，它与运筹学的关系犹如战略与战术的关系。系统分析是一种研究战略方法，是在各种不确定条件下为决策者处理复杂问题的方法，是一门由定性与定量方法组成的为决策者制定优选方案的技术。它从系统总体最优出发，对系统目的、功能、环境、费用与效益等方面的数据进行充分调查，整理与统计相关指标，制定方案，建立模型与计算，在定量分析基础上，综合考虑各方面因素，为决策者提供可行、正确的分析报告。

系统分析一般用于大型复杂问题的分析，如政策与战略性问题的分析，以及企业新产品、新技术的开发分析等。

一个系统经过系统分析、系统设计、系统建设及系统运行以后，随着时间的变化，由于系统老化，新技术、新工艺的出现，或节能环保、人身安全等方面的新要求，旧系统需要不断更新，这种周而复始的过程称为系统的生命周期。系统的生命周期可以分为四个阶段：系统规划与拟订阶段、系统研制阶段、系统运行阶段、系统更新或改造阶段。虽然系统生命周期各阶段的管理都需要进行系统分析工作，但由于系统生命周期内的大部分费用是系统的设计及制造过程中确定的，因此系统前期的系统分析工作显得尤为重要。

4.1.2　系统分析的要素与原则

4.1.2.1　系统分析的要素
系统分析要素是进行系统分析时必须加以考虑的基本因素，主要包括：

（1）目标。目标是系统在一定时期内所要达到的效果或结果，是系统分析的出发点和依据，复杂系统是多目标的。为了描述目标之间的关系，常用图解方法绘制目标图或目标树。

（2）可行方案。可行方案是指为达到系统预期目标可以采取的各种手段或措施，系统的同一目标可以通过不同的途径及方式来实现。不同方案在性能、费用、效益、时间及风险等各方面互有优劣，因此需要对方案进行分析、比较。在现有经济、技术、科技与信息等各种条件下，系统分析人员要勇于创新，构造新颖、先进的方案。

（3）系统模型。系统模型是对被研究系统的有关特征进行的抽象描述，建立系统模型是对系统深入分析的需要，利用系统模型及相关资料、数据，能方便地对系统各方面情况进行预测与评价。深入的系统分析还有赖于建立系统优化模型，系统优化模型能获得系统设计所需要的有关参数。

（4）费用与效果。每一可行方案实施后都会发生各种费用，对各系统的寿命周期费用（即系统一生所花费用）需要进行认真估算，同时也要对各种方案取得的成果进行估算。

（5）系统评价。评价是指对各种替代方案的优劣进行排序比较，一般需要通过估算各方案的各种指标。对于大型复杂系统的建设与改造，一般需要关注社会性、环境性、人文性及经济性等多方面的指标。常采用的经济性指标包括时间性指标、价值性指标和比率性指标，其中时间性指标有静态投资回收期、动态投资回收期及追加投资回收期；价值性指标有成本指标及收益指标；比率性指标有内部收益率和外部收益率等。

4.1.2.2 系统分析的原则

系统分析的原则是指进行系统分析的过程中，必须遵循的基本准则，主要有以下几点：

（1）内部因素与外部因素相结合。系统功能发挥不仅受系统内部因素的制约，而且还受系统外部因素的影响。例如在新建或改建企业的分析中，不仅要考虑企业内部的人员、设备、物料、资金及信息等各种内部因素的作用，也应对市场、运输、环境、政策、法规与文化等外部因素的影响加以考察。进行系统分析时，应将系统内、外部各种有关因素结合起来，综合分析，选择最佳方案。

（2）当前利益与长远利益相结合。各可行方案实施以后，近期效益与远期效益各不相同。对于注重环保的方案可能对目前利益不是很理想，但从长远发展看是有利的，则这种方案是可取的。在进行方案分析时，不能只顾眼前利益，应以长远利益为重，在服从长远利益的前提下，尽量减少当前利益的损失。

（3）局部效益与整体效益相结合。在进行系统分析时，必须坚持局部效益服从整体效益，以整体效益最优为原则。在方案选择时，一些方案能使局部效益最优，而整体效益次优，则这些方案也不能采用。在系统分析过程中，应通过子系统与系统之间的信息沟通，各子系统之间的利益协调，寻找实现整体效益最优，同时各子系统效益得到兼顾的方案。

（4）定性分析与定量分析相结合。定量分析一般采用数学模型对描述系统的各项指标进行分析，但对不能用数量表示的政治因素、心理因素、社会效果、精神效果、环境效果，只能根据经验和主观判断进行定性分析。因此，系统分析强调把定量分析与定性分析有机地结合起来综合分析。

4.1.3 系统分析的步骤

系统分析的具体步骤如下：

（1）明确问题。问题是指现实情况与理想状态之间的差距超过了容许范围的情形，系统分析的首要任务就是明确问题。明确问题是指要明确问题的本质特征、存在领域、范围、影响、症状及原因等。如果明确问题不到位，甚至诊断问题出错，则后续制订的方案就不能对症下药，很可能在确立目标、调查研究之后要对问题进一步修订；其次是要明确需要解决的多个问题之间的轻重缓急及其排列次序。

（2）确立目标。通过了解问题的性质、重点与关键所在，在把握问题的历史、现状和发展趋势的基础上确定要达到的目标。对目标进行分析时，要考虑多个目标的协调问题。在考虑可行性和经济性的前提下，尽量将目标转化为各种具体指标，以便进行定量分析，对不能定量化的目标要尽量用文字表达清楚。

（3）调查研究，搜集资料。通过各种调查方式，对有关现状及相关环境进行全面深入调查，获取各方面数据，同时围绕问题，广泛搜集历史资料。在对有关数据进行统计整理的基础上，计算或估算相关指标，对各指标的变化趋势、发展水平、发展速度进行预测，以便对具体的系统目标进行修订。

（4）制订方案及评价标准。通过对问题各方面原因进行主次分析与关系分析，在目标明确的前提下，有针对性地提出解决问题的各种备选方案，同时根据问题的性质及用户的具体要求，拟订方案的评价标准。

（5）方案评价。对于硬系统问题，在系统综合基础上，要求建立系统优化模型，并对模型进行求解，求出各方案的最优决策，再对各方案进行评价。对大型复杂系统问题，进行系统评价一般需要先将各指标进行分类、分级，再确定权重系数，估算各指标值，最后进行综合评价。

（6）优选方案。系统分析往往不是一次性的工作过程。在分析阶段，由于需求、环境或调查数据等方面的变化，分析过程往往需要反复，以提高决策的科学性。在对各种方案进行综合评价后，如果客户对优选方案还不满意，则要与客户协商沟通，重新界定问题，进行下一轮分析，直到满意为止。

4.2 系统环境分析

4.2.1 系统环境的含义

系统环境是存在于系统之外的自然的、经济的、社会的、技术的、信息的和人际关系因素的总称。然而在系统理论界，系统环境的定义有多种。

（1）集合论认为，系统是由相互作用和相互依赖的若干部分组成的具有特定功能的集合体，而其补集即系统之外的所有其他系统的总和就是系统的环境。

（2）主体论从系统研究者主观方面去理解和规定系统的环境，把系统的环境定义为：直接使我们感兴趣的那些东西，即是一个相对于主体而存在的客体，反映了人对环境认识的相对性和活动范围的有限性。

（3）关系论把具有内部有机联系、表现为强相互作用的诸元素的总和称为系统，把与系统只有外部无机联系、表现为弱相互作用的要素或系统的总和称为系统的环境。

（4）熵流论把提高系统有序性的输入称为负熵流，降低系统有序性的输入称为正熵流，而系统一切可能输入的集合就是系统的环境。

（5）层次论认为，系统是由相互作用和相互依赖的若干部分组成的具有特定功能的有机整体，而且这个系统本身又是它从属的一个更大系统的组成部分。因此，系统环境是更大系统中除去该系统之外其余系统的总和。

以上系统环境的定义从不同的角度揭示了系统环境的本质含义，反映了系统环境内涵的丰富性，也是系统思维方法应用于认识系统环境的表现。

4.2.2　系统环境分析的意义

系统与环境相互依存。系统问题的提出，往往是由于环境发生了变化，因此明确问题首先要了解问题的环境，解决问题的方案是否科学完善也依赖于对问题环境是否全面深入把握。在进行系统分析时，忽略系统环境的某些因素，或者对环境因素的影响及产生的后果估计不充分，有可能导致方案失败。

环境分析的意义体现在：（1）环境是系统工程问题的来源。如由于能源短缺，所以需要发展新的能源工程；或者由于环境污染日益严重，需要大力发展绿色能源工程；或者由于新材料、新工艺的出现，导致大量新的工程在技术上变得可能。（2）系统分析的资料取自于环境。如企业的技术开发，需要了解市场动态需求数据及同类企业的新产品发展状况。（3）系统的外部约束来源于环境。如资源与能源状况、融资与人力资源状况、信息渠道与市场状况等。（4）系统分析的质量需要环境提供评价资料。

4.2.3　系统环境分析的主要内容

4.2.3.1　明确系统的边界

系统边界是系统与环境的分界，是区分系统与环境不同质的界限。如国家在地理上的分界、工作中不同职责的分界、细胞在细胞膜上的分界等。边界对系统与环境来说具有一定的隔离作用，确保系统的形成与发展，使不同系统相互独立；同时边界又是系统与环境相互作用的中介，环境对系统的输入与系统对环境的输出要通过边界的转换作用来实现。

由于系统整体观容易引起考察对象的扩大，因此明确系统的边界时，应避免把系统要素与环境要素的关系上升为系统内部要素的关系；另一种情形是忽略了边界的中介作用。

明确系统的边界既要明白边界在质方面的内在规定性，又要明白边界在量方面的范围。行政区域的边界如何划分最合理？企业在什么情况下要进行重组？边界怎样重新设定？企业的规模多大最好？这些往往需要建立系统模型进一步分析。

4.2.3.2　对系统环境因素进行分类

在系统分析中，可能涉及的系统环境主要包括物理和技术环境、经济和管理环境、社会和人文环境三大类。

A　物理和技术环境

物理和技术环境包括自然环境、现有系统、技术标准与科技发展因素。

人类的全部创造都是在利用自然环境的条件下取得的。自然环境是指人类生存和发展所依赖的各种自然条件的总和，包括大气、水、植物、动物、土壤、岩石矿物、太阳辐射等，是人类赖以生存的物质基础。通常把这些因素划分为大气圈、水圈、生物圈、土壤圈、岩石圈等五个自然圈。随着生产力的发展和科学技术的进步，会有越来越多的自然条件对社会发生作用，自然环境的范围会逐渐扩大。自然因素是进行系统分析与设计的前提条件，如地理位置、原材料产地、交通基础设施等。水源与能源是厂址选择时要考虑的基本因素，温度、湿度会影响设备的运行与维护，风力与降雨量会影响设施的寿命，病虫害会对农作物生长具有重要影响。总之，进行系统分析时，对自然因素要进行全面彻底调查，充分估计各种自然因素对系统的作用与影响。

新系统建成以后都必须和现有系统共同工作，因此，必须在产量、技术标准、运输等方面保持协调性与并行性。现存系统的经济指标、技术指标及使用与维护数据是进行新系统规划、比较与评价的基础资料，是进行系统分析时解决各方面问题的知识宝库。

技术标准是企业内外部产品技术上协调的依据，促进了生产分工与大规模生产。技术标准对系统分析与设计具有客观约束性。不遵守技术标准，不仅造成多方面浪费，而且可能导致设计方案失败。应用与贯彻技术标准，可以提高系统分析与设计质量，提高系统运行效率及输出产品与服务的质量。技术标准是指经公认机构批准的、强制或推荐执行的、供通用或重复使用的产品或相关工艺和生产方法的规则、指南或特性的文件。按标准化对象的特征和作用来分，可将其分为基础标准、产品标准、方法标准、安全卫生与环境保护标准等。按标准级别分为国家标准、行业标准、地方标准、企业标准。制定技术标准的目的是为了提升产品和服务质量，促进科学技术进步，保障人身健康和生命财产安全，维护国家安全、生态环境安全，提高经济社会发展水平，因此技术标准是系统分析与系统设计的约束条件。

在进行新系统设计或老系统改造的系统分析中，需要对科技发展水平与发展速度进行预测与估量，否则有可能导致新系统在使用之前就已过时的现象。在对科技因素进行评估时，应考虑到国内外同行业的技术水平，其中技术因素主要包括：装备自动化水平、计算机软硬件水平、人机系统及人工智能的开发与应用情况等。

B　经济和管理环境

经济和经营管理环境包括外部组织、政策法律、政府作用、产品系统及价格构成、经营活动等。

外部组织环境是指与未来系统存在输入输出关系的各种组织环境，包括同类企业、供应企业、用户、协作企业、科研机构和上级组织等。掌握外部组织的基本情况是进行系统分析与设计的基本要求，正确地建立和处理这些关系对企业系统的存在和发展至关重要。

政策环境主要包括政治制度、宏观经济政策、产业政策、投资政策、知识产权保护政策、产品质量与安全管理政策等。其中宏观经济政策包括财政政策、货币政策、收入政策等；产业政策是引导产业发展方向、产业结构升级、协调产业结构、促使经济健康可持续发展的政策。系统分析人员必须充分估计政策的影响，必须懂得政策的重要性。

任何经济活动都离不开各级政府的支持和监督。改革开放以来，我国逐渐形成了政府主导型的招商引资模式，主导本区域经济组织的产品发展方向，搭建公共服务平台，制定优惠政策，同时对安全、节能、环保进行监督。因此，进行系统分析必须同时考虑政府的支持与约束作用。

对产品系统的需求情况及其价格构成进行全面调查和估量，这能为制定系统目标和分析系统约束提供基础资料。

经营活动是指与系统生产、销售及原材料采购有关活动的总称，对经营活动环境进行分析的目的是掌握时间、质量、成本、效率等方面资料，为计算费用效益指标提供依据。

C　社会和人文环境

社会环境主要包括把社会作为一个整体的大范围的社会环境和把人作为个体考虑的人文环境。大范围的社会环境要研究人口潜能，即研究人口聚集、追随、流动对城乡发展的趋势与速度的影响。许多公共服务系统的分析还要研究城市的规模、结构、形状及建筑密度等，如能源、交通与通信系统的分析就要特别关注这些因素。人作为个体来考虑的人文环境是以人—机器—环境总体性能的优化为目标，既要使机器的设计符合人的生理、心理特点，有利于安全、高效、舒适，也要考虑通过培训和管理使人适应机器，如生产系统的分析与设计必须应用人文工程学原理。

人文环境是一定社会系统内外文化变量的函数，文化变量包括共同体的态度、观念、信仰系统、认知环境等，是社会本体中隐藏的无形环境，如城市与人文景观的设计离不开对人文环境的分析。

综上所述，由于系统分析的许多资料来源于环境，所以必须对环境进行分析。在系统分析中，要对环境加以因时、因地、因人的分析，找出相关的环境因素，确定其影响的范围和程度，以便在方案的制定和执行中予以考虑，这正是环境分析的任务与目的。

4.3　系统目标分析

系统目标是指要求系统达到的期望状态，是系统目的的具体化。目的可用定性方式描述，而目标有定性目标和定量目标，例如目的是研制新一代导弹，目标则包括导弹的射程、精度、速度，以及成本等具体数值。系统目标分析的目的，一是要获得目标集，二是要分析目标之间的关系，并分析目标的合理性与可行性。

4.3.1　系统的目标集

4.3.1.1　制定总目标

在明确系统问题，对系统的环境全面深入分析以后，需要根据具体情况，制定解决系统问题的总目标，总目标集中反映了对系统的总体要求，具有全局性和总体性特征。一些全局性、长期性的经济社会问题，是一个复杂宏大的系统问题。例如，我国进入新时代后，社会主要矛盾已经转化为人民日益增长的美好生活需要和不平衡不充分的发展之间的矛盾，国家制定的总目标就是要着力保障和改善民生，不断增强人民群众的获得感，实现人民对美好生活的向往；企业在诊断自身问题后，往往会制定进一步提高产品市场竞争力的总目标。总目标在实施过程中，按实施程度的不同，有可能进一步分解为近期目标、中期目标和长期目标。总目标的提出主要来源于两个方面：（1）由于经济社会发展的需要，提出了许多需要解决的新问题，如新能源、新的交通与通信系统的开发与建设，以及新式武器系统的研制与生产等；（2）由于系统改善自身状态的需要，如社会系统的结构改善、经济系统的效率提升以及产品系统的质量改善等。

4.3.1.2　建立目标集

建立目标集是对总目标逐项逐级落实的过程和结果，即将总目标分解为若干分目标，再将每一分目标分解为次级分目标，直到每个分目标都能对应于系统的要素（组分）为止，最后得到目标集（或目标树）。例如以保障和改善民生为总目标，则分目标就是要实现幼有所育、学有所教、劳有所得、病有所医、老有所养、住有所居。又如，为搞好城市建设，政府部门提出了四项要求，即如果把搞好城市建设作为总目标，这四项要求可以看成是四项分目标：一是把该市在社会秩序、社会治安、社会风气及道德风尚方面建设成文明城市；二是把该市建设成环境清洁、卫生、优美的一流城市；三是把该市建设成科学、技术、文化及教育方面的发达城市；四是把该市建设成经济繁荣、生活富裕的富强城市。再如，导弹要实现有效摧毁敌方设施的总目标，分解后的目标为：飞行能力（包括射程、速度、高度、机动性）、制导精度、威力、突防能力、可靠性、实用性及经济性等。

目标分解需要掌握丰富的科学技术与工程实践知识，是综合运用科技知识与实践经验的创造活动，目标的分解应遵循以下原则：

（1）将总体目标分解为不同层次的分目标后，各个分目标的综合能保证总目标的实现。

（2）分目标要保持与总体目标方向一致，内容上下贯通。

（3）各分目标之间在内容与时间上要协调、平衡，并同步的发展。

（4）各分目标的表述要明确，要有完成时限，定量目标要有具体的目标值。

4.3.2 目标之间的关系

目标之间的关系主要有三种：（1）目标之间无依存关系；（2）目标之间互补；（3）目标之间相互冲突。相互冲突是指一个目标的实现阻碍另一个目标的实现；互补是指一个目标的实现促进另一个目标的实现；无依存关系是指目标相互独立。目标相互冲突时，有可能是强冲突或弱冲突。强冲突是指一个目标实现必须以放弃另一个目标为代价，弱冲突是指只要一个目标加以限制，另一个目标还可以达到最优值。

在管理领域，由于目标涉及不同集团的利益，所以应通过协商，使目标达到相容。例如，采用先进的自动化技术与保证工作岗位，制定这两个目标时就涉及了工人的利益。在处理利益冲突时要持谨慎态度，一般要经过反复协商，尽量使目标达到相容。

在制定总目标、对目标进行分解及对目标之间关系进行分析的过程中，如情况有了变化，发现寻求方案有困难，就必须对目标进行调整。

目标的制定带有一定的主观性，因此目标分析的首要任务就是要分析和论证目标的合理性，防止盲目行事，避免造成损失与浪费；同时，制定的目标必须明确，不能模棱两可，否则目标就难以考核，以致失去目标的作用。

4.4 系统分析方法

系统分析的目的是要获得解决问题的优选方案，通过对系统问题的环境分析与目标分析，如果问题结构清晰，收集的数据完整准确，则一般可以通过建立数学模型来进行定量的系统分析，如投入产出法、效益成本分析法等；但对于大型复杂系统，由于系统的层次结构复杂，目标多且内外部不确定因素多，难以建立常规的数学模型，尤其对于软系统问题，往往需要采用定性分析方法。定性分析方法主要包括目标–手段分析法、因果分析法等。

4.4.1　目标-手段分析法

目标-手段分析法就是将需要达到的总目标分成若干二级目标（一级手段），通过实施若干一级手段来实现总目标，然后以如何实施一级手段为目标，分别将其分解为若干三级目标（二级手段），以此类推，直到每一手段都可操作为止。例如，人们要面临的问题目标是"实现社会主义现代化"，经过分析后得到：要实现社会主义现代化、必须推进社会主义经济建设、推进社会主义政治建设、推进社会主义文化建设、推进社会主义和谐社会建设。搞好这四个方面建设是实现社会主义现代化的基本手段，再以四个方面手段为目标进一步分解，如推进社会主义经济建设必须对各经济部门或各产业进一步部署推进；推进社会主义和谐社会建设，必须加强民主、法治建设，实现社会公平、公正，如此继续一步一步分析下去，直到解决问题的手段具体化、可操作化为止。发展能源的目标手段分析如图 4-1 所示。

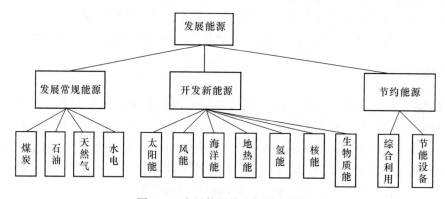

图 4-1　发展能源的目标手段分析

由图 4-1 可知，要发展能源，其手段主要有发展常规能源生产、开发新能源和节约能源。发展常规能源的主要手段有加强煤炭、石油、天然气、水电生产；开发新能源的主要手段有开发太阳能、风能、海洋能、地热能、氢能、核能、生物质能等；节约能源的主要手段是综合利用能源和开发节能设备等。

4.4.2　因果分析法

因果分析法又称为鱼骨分析法，是一种发现问题根本原因的定性分析方法。由于导致系统问题的原因复杂多样，要从这些纷繁复杂的因素中找出主要原因，需要用箭头来表示原因与结果之间的关系，这种关系图也称为鱼骨图。它最先应用于产品质量管理，用来分析导致产品质量问题的根本原因，这一方法也适用于对各种系统的改善分析。例如，企业在进行生产效率管理的过程中，要寻找影响生产效率低下的根本原因，一般从影响生产效率的人、机、料、法、环五个方面展开分析企业生产效率管理的因果分析如图 4-2 所示。

因果分析法首先要诊断问题，再针对所有问题的原因搜集资料，或到现场进行相关调查，在分析人员和各领域专家充分讨论后确定主要原因，最后针对主要原因制定改善方案。

对于主要因素的确定，在掌握历史数据或试验数据的情况下，也可以通过方差分析或正交试验设计，计算 F 统计量的值，得出各因素对结果的影响是否显著的结论。

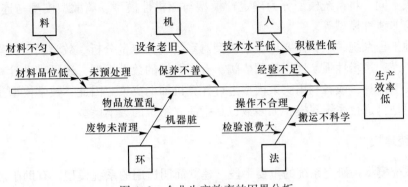

图 4-2　企业生产效率的因果分析

4.5　系统模型

4.5.1　系统模型概述

系统模型是对现实系统（或新建系统）的一种描述，它以某种确定的形式（如文字、符号、图表、实物、数学公式等）来进行表述。系统模型是由反映系统本质特征的主要因素构成的，是对现实系统的抽象，它集中体现了这些主要因素之间的关系。

研究与探索各种系统结构、组成及其相互关系和相互作用，进而掌握系统运动变化发展的规律，常常用各种形式的模型来进行，因此建立模型是科学研究的一般方法。

在系统工程领域，系统一生的各阶段都可用系统模型对系统进行分析、优化及评价，也可用模型对系统的性能进行预测。

使用系统模型来对系统进行研究具有经济、安全、省时及易操作等优点，由于系统的种类繁多，用来描述系统的模型必然多种多样。例如，可以按照对现实系统的抽象程度由低到高将系统模型分为：

（1）物理模型（包括实体模型、比例模型和相似模型）。

（2）文字模型。

（3）数学模型。

其中，数学模型分为：

1）网络模型。

2）图表模型。

3）逻辑模型（用逻辑框图表示）。

4）解析模型（用方程或函数表示）。

5）信息网络与数字化模型。

也可根据模型的不同功能将系统模型分为结构模型、功能模型、评价模型、最优化模型及网络模型等。

在不同学科领域，根据研究问题的需要，系统模型有不同的分类。例如在数学领域，按变量形式不同，将系统模型分为确定性模型与随机性模型、离散型模型与连续型模型、线性模型与非线性模型等。

在各种工程系统领域，需要用数学模型对系统进行定量分析。数学模型虽然抽象，但分析问题严谨、逻辑性强、适用范围广阔。有了系统的数学模型，还可借助计算机进行模型求解与模型计算，或者利用决策模型进行计算机辅助决策。因此，数学模型是使用最广泛的系统模型，进行系统建模，大多数也是指建立系统的数学模型。

4.5.2　系统建模

建立系统模型是研究系统的重要手段。建立简明适用的系统模型，有助于加深对系统各方面的认识，使系统工程人员对系统方案的评价与决策变得更加科学合理。建立系统模型是一种创造性的劳动，尤其是建立数学模型，既要了解系统建模的基本方法，又要求掌握较为全面的数学知识，许多模型还涉及各专业基础理论。

4.5.2.1　系统建模的要求

系统建模有以下要求。

（1）现实性：是指系统模型应反映系统的客观实际，包括反映系统本质特征的主要因素及其关系，即符合客观性要求。由于系统模型去掉了反映系统非本质的次要因素，所以系统模型既是现实系统的抽象，又是现实系统的近似，它应有足够的精度，符合精确性要求。精度要求与研究对象有关，也与时间、条件及建模的目的等因素有关。

（2）简明性：在满足现实性要求的基础上，模型应尽量简单明了，即在能满足解决实际问题的前提下，尽可能建立简单的模型，不应使模型复杂化。对于数学模型来说，过于复杂的模型有可能不能求解，或者能求近似解，但要付出很高的代价。

（3）标准化：在建立系统模型时，应尽量借鉴已有的标准模型，或者结合研究对象，对标准模型进行适当修改。

在系统建模过程中，应在满足现实性的基础上，尽量达到简明性，同时尽量标准化。

4.5.2.2　系统建模应遵循的原则

系统建模应遵循以下原则。

（1）切题：指模型与研究目的一致。

（2）清晰：凸显出主要关系。

（3）精度要求适当：根据研究目的和使用环境，精度要求不同，如对高速运动的物体，其动力学方程就要考虑空气阻力。

（4）尽量使用标准模型：标准模型一般都有成熟的算法或现成的计算软件，所以使用标准模型，能大幅度提高系统求解的效率。

4.5.2.3　系统建模的主要方法

针对不同的系统对象，可以采用不同的方法建立系统模型，大多数情况下，系统建模都是指建立系统的数学模型，即数学建模。数学建模是一种数学的思考方法，是运用数学的语言和方法，通过抽象、简化建立能近似刻画实际系统问题的一种强有力的数学手段。数学建模主要有以下几种方法：

（1）推理法。对于内部结构和特性清楚的系统，即"白箱"系统（如工程系统），可以依据基本的物理、化学及工程技术学科的基本原理和定理，进行机理分析，确定模型结构及参数。例如运筹学领域的最优化模型，一般采用推理法建模，而对于式（2-1）和式（2-17）的微分方程模型，建模步骤一般为：

1）分析系统功能原理，对系统做出与建模目标相关的描述。

2）找出系统的输入、输出及状态变量。

3）列出各部分状态变化的微分方程。

4）消除中间变量。

5）模型标准化及模型验证。

（2）实验统计法。对于内部结构和特性不清楚或不很清楚的系统，即"黑箱"或"灰箱"系统。如果允许对系统进行实验观察，则可经实验设计后，通过实验获得系统的输入输出时间函数，再根据先验知识确定模型类别，并用输入输出数据确定模型中的未知参数，进而得到描述系统行为的数学模型，最后对模型进行适用性检验。对于那些属于黑箱，又不允许进行全面观察的系统，例如社会系统与经济系统等，可以采用抽样调查收集子样，通过对子样的分析，建立描述系统行为的数学模型（如回归模型等），最后对模型及参数进行检验，以判断模型的适用性。

（3）混合法。许多系统模型的建立需要将上述方法综合运用。

（4）类似法。对于不同类型的系统，如机械振动系统、液压与气动系统、化学动力学系统与电路系统等，由于它们的结构和性质相似，所以用来描述这些系统中各子系统的相关测度变化的微分方程具有同一形式，因此可以利用研究较成熟的电路系统的模型来建立其他系统的相似模型。

4.6　系统分析实例

[例 4-1] 阿拉斯加原油输送方案的系统分析。

分析步骤如下：

（1）明确问题。为了满足美国国内对原油的持续需求，需要源源不断由阿拉斯加东北部的普拉德霍湾油田向美国本土运输原油，解决美国原油短缺问题。

（2）确立目标。为保证原油长期稳定供给，初步要求每天运送 200 万桶原油。

（3）调查研究，搜集资料。通过各种调查方式，对普拉德霍湾油田的原油可开采量、可开采时间、原油的需求量、现有开采能力及炼油能力等情况进行全面调查，获取各方面数据；同时，随着市场需求的变化及技术的发展，对各指标的变化趋势、发展水平、发展速度进行预测，对目标要求进行更精确的调整，使设计目标具有更长远、更科学的适用性。

原油输送系统的环境状况为：油田处在北极圈内，海湾长年处于冰封状态，陆地更是常年冰冻，最低气温达到零下 50℃。

（4）提出可行方案。

方案 I：由海路用油轮运输。

方案 II：用带加温加压系统的油管输送。

方案 III：是把含 10%～20% 氯化钠的海水加到原油中去，使在低温下的原油成乳状液，仍能畅流，这样就可用普通的输油管道运送了。

方案Ⅳ：先将天然气转换为甲醇后再加到原油中去，以降低原油的熔点，增加其流动性，这样用普通的管道就可以同时输送原油和天然气。

（5）方案评价。

方案Ⅰ的优点是每天仅需 4~5 艘超级油轮就可满足输送量的要求，似乎比铺设油管省钱，但存在的问题是：1）要用破冰船引航，既不安全又增加了费用；2）起点和终点都要建造大型油库，这又是一笔巨额花费，而且考虑到海运可能受到海上风暴的影响，油库的储量应在油田日产量的 10 倍以上。总之，该方案的主要问题是：不安全、费用大、无保证。

方案Ⅱ的优点是可利用成熟的管道输油技术，但存在的问题是：1）要在沿途设加温加压站，这样不仅管理复杂，而且还要供给燃料，然而运送燃料本身又是一件很困难的事；2）加温后的输油管不能简单地铺在冻土里，因为冻土层受热溶化后会引起管道变形，甚至造成管道断裂。为了避免这种危险，有一半的管道需要用底架支撑，以及进行保温处理，这样架设管道的成本费用要比铺设地下油管高出 3 倍。

方案Ⅲ的优点是管道输油系统简单，缺点是要输送无用的海水，同时增加了炼油成本。

方案Ⅳ与方案Ⅲ相比，不仅不需要运送无用的海水，而且也不必另外铺设输送天然气的管道，实现了一举两得。根据资料估算，若方案Ⅰ要增加天然气运输船，方案Ⅱ与方案Ⅲ要增建天然气输送系统，则这一方案的投资成本最小。

（6）优选方案。

若要同时输送天然气，则方案Ⅳ最优。

若无天然气可输送，则粗略的估算难以确定前三方案的优劣，这时要先对前三个方案分别建立系统的优化模型。对于方案Ⅰ要确定油轮为几艘时总费用最低；对于方案Ⅱ要确定输油管的直径、壁厚，以及加压、加温站的距离分别为多少时总费用最低；对于方案Ⅲ要确定海水与原油的比例为多少时的运输与处理总费用最低。最后再综合考虑各种风险的情况下，做出最优决策。

习　题

4-1　简述系统分析的要素与步骤。

4-2　系统环境因素如何分类？

4-3　举例说明如何用因果分析法分析实际问题。

4-4　建立系统数学模型的方法主要有几种？

5 系统最优化

5.1 系统最优化概述

系统最优化是通过系统分析及建立系统优化模型，对模型求解，做出最优决策，从而使系统功能得到最大限度发挥的过程，是系统工程活动的宗旨。系统最优化要求系统达到长期、稳定、高效、优质、安全地运行或优质地服务，即综合效率最大化，同时又要求系统一生所消耗费用尽量最小化。要实现这些目标，必须对系统的规划、设计、制造、安装、使用、维护、修理或更新与改造等各环节进行系统分析与系统优化，紧紧围绕系统总体目标，依次做出最优决策，并加以实施。因此，系统最优化包含了系统最优规划、系统最优设计、系统最优控制及系统最优管理等各方面的最优化问题。在实际的系统工程活动中，随着条件的变化，还要求各环节的分析与决策人员，密切配合，不断反馈决策与效果信息，以确保系统的综合效益最优。

尽管系统工程研究对象多种多样，各环节系统分析的要素也各不相同，但是在建立最优化模型进行系统分析时，其目的都是使处在一定环境条件限制下的系统在按某些目标评价时达到最优状态，即最优化过程是指系统在一定限制条件下达到评价目标极大值（或极小值）方案的过程。该过程一般包括：

（1）对评价目标的定性和定量分析。

（2）对约束条件的定性和定量分析。

（3）把系统目标、约束条件用数学形式进行描述，建立数学模型。

（4）对模型进行求解。

（5）对求解结果进行分析及系统因素变化时对求解结果影响的分析。

根据不同最优化问题，可以建立不同的最优化模型，如线性规划、动态规划、存贮论、图论、网络理论、运输规划、排队论、决策论等，这主要是运筹学的研究内容。

系统最优化中最优的含义多种多样：成本最小、收益最大、利润最多、距离最短、时间最短、空间最小、寿命最长、流量最大等，即在资源给定时寻找目标最大的方案，或在目标给定下寻找使用资源最少的方案。

最优化问题根据有无约束条件可以分为无约束条件的最优化问题和有约束条件的最优化问题。无约束条件的最优化问题就是在资源无限的情况下求解最优决策，而有约束条件的最优化问题则是在资源限定的情况下求解最优决策。

最优化问题根据决策变量在目标函数与约束函数中出现的形式不同可分为线性规划问题和非线性规划问题，简称为线性规划和非线性规划。如果决策变量在目标函数与约束函数中只出现一次方的形式，即目标函数和约束函数都是线性函数，则称该规划问题为线性规划。如果目标函数或者约束函数中存在非线性函数，则称该规划问题为非线性规划。

最优化问题按照目标函数的多少可分为单目标最优化问题和多目标最优化问题。线性规划问题和非线性规划问题都只含一个目标函数，这类问题常称为单目标最优化问题，简称单目标规划。

最优化问题按照规划问题中是否有随机变量介入可分为确定性规划问题和随机规划问题。当规划问题中出现随机变量时，处理这些随机变量的一种似乎很自然的方法是：用这些随机变量的概率平均值（数学期望）代替随机变量本身，从而得到一个确定性的规划问题；然后，可用确定性规划的算法求解。然而，许多例子表明，这种处理方法往往导致不合理的解，这就需要采用随机规划来处理这些问题。

以上最优化问题在进行求解时，对许多特定问题都得到了非常好的算法，但对目标函数及约束函数一般要求导数连续，而且当决策变量增加时，计算工作量会以指数速度增加。对于决策变量只取离散值，即可行解集合为有限点集，或者目标函数不连续、不可导时，传统的优化算法就无法求解了，这时需要采用现代优化算法。

以下主要介绍非线性规划、多目标规划、随机规划，以及几种现代优化算法。

5.2　非线性规划

非线性规划是一种求解目标函数或约束条件中含有非线性函数的最优化问题的方法，这一方法在工业、交通运输、经济管理和军事等方面有广泛的应用。

在非线性规划问题中需要先将可供选择的方案 X 用一组变量 $(x_1, \cdots, x_n)^T$ 来表示，再建立起目标变量与决策变量之间的函数关系 $f(x_1, \cdots, x_n)$，并将各种限制条件加以抽象，得出决策变量应满足的一些等式或不等式。由于函数 $f(X)$ 的最大极点与 $-f(X)$ 的最小极点相同，并且一个等式约束可以写成大于等于与小于等于两个不等式同时成立的形式，所以非线性规划问题都可以转化成统一形式的模型，见式（5-1）。

$$\min f(X)$$
$$\text{s. t.} \begin{cases} g_i(X) \geqslant 0 & (i = 1, \cdots, m) \\ X \in D \end{cases} \tag{5-1}$$

其中 $f(X)$ 和 $g_i(X)$ 都是定义在 n 维欧氏空间 R_n 的子集 D（定义域）上的实值函数，且至少有一个是非线性函数。$X = (x_1, \cdots, x_n)^T$ 属于定义域 D，符号 min 表示"求最小值"，符号 s. t. 表示"受约束于"。定义域 D 中满足约束条件的点称为问题的可行解。全体可行解所构成的集合称为最优化问题的可行集。对于一个可行解 X^*，如果存在 X^* 的一个邻域，使目标函数在 X^* 处的值 $f(X^*)$ 优于（指不大于或不小于）该邻域中任何其他可行解处的函数值，则称 X^* 为问题的局部最优解。如果 $f(X^*)$ 优于一切可行解的目标函数值，则称 X^* 为问题的整体最优解。

5.2.1　区间消去法

对于一元单峰函数 $f(x)$，要求出它在某区间上 $[a_0, b_0]$ 内最小值点 x^*（见图 5-1(a)），其步骤如下：

第一步，在 $[a_0, b_0]$ 内任取两点 λ_1 与 λ_2，使 $a_0 < \lambda_1 < \lambda_2 < b_0$。

（1）若 $f(\lambda_1) \leqslant f(\lambda_2)$，则 x^* 必在 $[a_0, \lambda_2]$ 内。在消去区间 $[\lambda_2, b_0]$ 后，令 $a_1 = a_0$，$b_1 = \lambda_2$，区间 $[a_0, b_0]$ 缩短为 $[a_1, b_1]$（见图 5-1（b））。

（2）若 $f(\lambda_1) > f(\lambda_2)$，则 x^* 必在 $[\lambda_1, b_0]$ 内。消去区间 $[a_0, \lambda_1]$ 并令 $a_1 = \lambda_1$，$b_1 = b_0$，区间 $[a_0, b_0]$ 也缩短为 $[a_1, b_1]$（见图 5-1（c））。

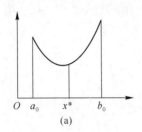 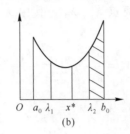 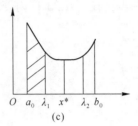

图 5-1　单峰函数区间消去图

第二步，由于在 $[a_1, b_1]$ 内已有一点的函数值，只要在 $[a_1, b_1]$ 内再任取一点，计算这两点的函数值并进行比较，按同样的方法消去部分区间后得到 $[a_2, b_2]$，重复上述步骤，直到 $[a_n, b_n] < \varepsilon$（ε 为预先给定的误差），由于 $[a_n, b_n]$ 总是包含 x^*，则可取最优解为 $x^* = (a_n + b_n)/2$。

5.2.2　Fibonacci 法

1202 年，意大利数学家斐波那契出版了《算盘全书》，他在书中提出了一个关于兔子繁殖的问题：如果一对兔子每月能生一对小兔（一雄一雌），而每对小兔在它们出生后的第三个月，又能生一对小兔。假如第一个月有一对初生兔子，则从第一个月开始，以后每个月的兔子总对数 F_k 为：

$$1, 1, 2, 3, 5, 8, 13, 21, 34, 55, 89, 144, 233\cdots$$

该数列称为斐波那契数列，其中 $F_0 = F_1 = 1$，$k = 0, 1, 2, \cdots$ 当 $k \geqslant 0$ 时，有：

$$F_{k+2} = F_{k+1} + F_k \tag{5-2}$$

或者

$$F_{k+1} = F_k + F_{k-1} (k \geqslant 1)$$

即

$$1 = \frac{F_k}{F_{k+1}} + \frac{F_{k-1}}{F_{k+1}}$$

也可以写成：

$$1 = \frac{F_k}{F_{k+1}} + \frac{F_{k-1}}{F_k + F_{k-1}}$$

$$1 = \frac{F_k}{F_{k+1}} + \frac{1}{\dfrac{F_k}{F_{k-1}} + 1} \tag{5-3}$$

令

$$\lim_{k \to \infty} \frac{F_k}{F_{k+1}} = \lim_{k \to \infty} \frac{F_{k-1}}{F_k} = \lambda$$

则式（5-3）为：

$$1 = \lambda + \frac{1}{\dfrac{1}{\lambda} + 1}$$

解方程得，$\lambda = \dfrac{\sqrt{5}-1}{2} \approx 0.618$。

以下根据斐氏数列的规律来确定插入区间中两点的位置。

（1）求一元单峰函数 $f(x)$ 在 $[0, 1]$ 内的最小值点 x^*。

第一步，在 $[0, 1]$ 内，取两点 λ_1^1、λ_2^1（其中 λ_1^1 中的上标"1"表示第一次迭代），得：

$$\lambda_1^1 = \frac{F_{k-1}}{F_{k+1}}, \quad \lambda_2^1 = \frac{F_k}{F_{k+1}} \tag{5-4}$$

$$\lambda_2^1 - \lambda_1^1 = \frac{F_{k-2}}{F_{k+1}} \tag{5-5}$$

由式（5-4）可知：$\qquad\qquad\qquad \lambda_1^1 + \lambda_2^1 = 1$

即 $\qquad\qquad\qquad\qquad\qquad \lambda_1^1 = 1 - \lambda_2^1$

说明区间 $[0, \lambda_1^1]$ 与区间 $[\lambda_2^1, 1]$ 的长度相等，计算函数值 $f(\lambda_1^1)$ 与 $f(\lambda_2^1)$。若 $f(\lambda_1^1) \leqslant (\lambda_2^1)$，则 $x^* \in [0, \lambda_2^1]$；若 $f(\lambda_1^1) > f(\lambda_2^1)$，则 x^* 必在 $[\lambda_1^1, 1]$ 内。这两种况下，剩下的区间长度都是 L_1 如图 5-2 所示，其中：

$$L_1 = \lambda_2^1 = \frac{F_k}{F_{k+1}}$$

第二步，不妨假设 $x^* \in [0, \lambda_2^1]$，取两点 $\lambda_2^2 = \lambda_1^1 = \dfrac{F_{k-1}}{F_{k+1}}$，$\lambda_1^2 = \dfrac{F_{k-2}}{F_{k+1}}$，由公式（5-5）可得：

$$\lambda_2^1 - \lambda_1^1 = \frac{F_{k-2}}{F_{k+1}} = \lambda_2^1 - \lambda_2^2$$

由于区间 $[0, \lambda_1^2]$ 与区间 $[\lambda_2^2, \lambda_2^1]$ 的长度相等，在比较函数值 $f(\lambda_1^2)$ 与 $f(\lambda_2^2)$ 后，消去 $[0, \lambda_1^2]$ 或 $[\lambda_2^2, \lambda_2^1]$，剩下的区间长度为 L_2（见图 5-2），其中：

$$L_2 = \lambda_2^2 = \frac{F_{k-1}}{F_{k+1}}$$

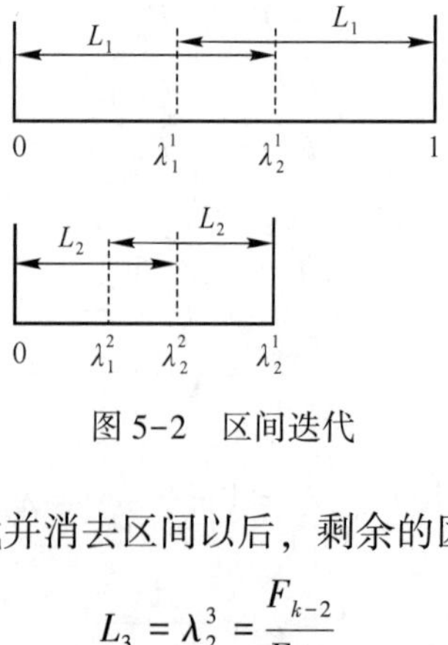

图 5-2 区间迭代

进一步可以得出，在第三次迭代并消去区间以后，剩余的区间长度为：

$$L_3 = \lambda_2^3 = \frac{F_{k-2}}{F_{k+1}}$$

以此类推，经过第 k 次迭代，区间消去以后剩余的区间长度为：

$$L_k = \lambda_2^k = \frac{F_{k-(k-1)}}{F_{k+1}} = \frac{F_1}{F_{k+1}} = \frac{1}{F_{k+1}}$$

因此，要使 $L_k = \dfrac{1}{F_{k+1}} \leqslant \varepsilon$（$\varepsilon$ 为规定误差），则应取 F_{k+1} 为大于 $\left[\dfrac{1}{\varepsilon}\right]$ 的最小斐氏数。例如，原区间长度 $L_0 = 1$，要求经过第 k 次区间消去后，剩余区间长度小于 0.08，即 $L_k = \dfrac{1}{F_{k+1}} \leqslant 0.08$，则在斐氏数列中满足不等式的最小斐氏数为 13，而 $F_{k+1} = F_6 = 13$ 时，$k = 5$，说明经过 5 次迭代后，满足搜索要求。

下面将上述方法推广到一般情况。

（2）求单峰函数 $f(x)$ 在 $[a_0, b_0]$ 内的最小值点 x^*，$L_0 = b_0 - a_0$。

对于规定误差 ε，要使 $L_k = \dfrac{b_0 - a_0}{F_{k+1}} \leqslant \varepsilon$，取 $[a_0, b_0]$ 内的两点为：

$$\lambda_1^1 = a_0 + \frac{F_{k-1}}{F_{k+1}}(b_0 - a_0)$$

$$\lambda_2^1 = a_0 + \frac{F_k}{F_{k+1}}(b_0 - a_0)$$

则在进行第 i（$i = 1, 2, \cdots, k$）次迭代中，在 $[a_{i-1}, b_{i-1}]$ 内取：

$$\lambda_1^i = a_{i-1} + \frac{F_{k-(i+1)}}{F_{k-i+1}}(b_{i-1} - a_{i-1})$$

$$\lambda_2^i = a_{i-1} + \frac{F_{k-i}}{F_{k-i+1}}(b_{i-1} - a_{i-1})$$

对以上 Fibonacci 法容易编写计算程序。除此之外，常用的一维最优化方法还有黄金分割法、切线法和插值法等。

5.2.3 最速下降法

对于无约束非线性规划问题：

$$\min f(X)$$
$$X \in R^n \tag{5-6}$$

其中，$f(X)$ 为多元非线性函数，该问题的目的是要在 R^n 中寻找最优解 X^*，使得对于 $\forall X \in R^n$，都有：

$$f(X) \geqslant f(X^*)$$

对于可微函数，最速下降法的基本思路是：从任一已知点 X^0 出发，沿着该点处函数值下降最快的方向，去找下一点 X^1，使该点的函数值比已知点的函数值更小，即 X^1 是更好的点，再从新的点 X^1 出发，在该点处，沿着函数值下降最快的方向找到比 X^1 更好的点 X^2，依次进行下去，直到找出 X^n，使得 X^n 与 X^* 对应的函数值非常接近，直至满足精度要求为止。

5.2.3.1 最速下降方向

对于已知点 X^0，该点处的最速下降方向，是指哪一方向？对于可微函数 $f(X)$，将该

函数在 X^0 展开成泰勒级数，在 X^0 附近，去掉高次项后有：

$$f(X) - f(X^0) \approx \nabla f(X^0)^T (X - X^0)$$

要使 $\qquad\qquad\qquad\qquad f(X) < f(X^0)$

则 $\qquad\qquad\qquad\qquad \nabla f(X^0)^T (X - X^0) < 0$

令 $\qquad\qquad p = X - X^0$ 为搜索方向，则有 $\nabla f(X^0)^T p < 0$

而 $\qquad \nabla f(X^0)^T p = \| \nabla f(X^0)^T \| \times \| p \| \cos\phi$（$\phi$ 为向量 $\nabla f(X^0)^T$ 与 p 的夹角）

即有 $\qquad\qquad\qquad \| \nabla f(X^0)^T \| \times \| p \| \cos\phi < 0$

而当 $\phi = 180°$，即 $p^0 = -\nabla f(X^0)^T$ 时，函数在 X^0 附近下降最快，即在 X^0 处，搜索方向应为该点的负梯度方向时，函数值减小最快，因此称函数 $f(X)$ 在 X^0 的负梯度方向为函数在该点处的最速下降方向。

5.2.3.2　最优步长

为了找到目标函数的最小极点，现在从 X^0 出发，沿着该点的负梯度方向 $p^0 = -\nabla f(X^0)$ 来找下一个点 X^1，即令 $X^1 = X^0 + \lambda p^0$，其中 λ 为步长，因此，要寻找 X^1，就等于要确定步长 λ。由于规划问题的目的是求极小点 X^*，显然沿着最速下降方向，把在该方向上函数取最小值的点对应的步长称为最优步长，即下列一维搜索问题的最优解 λ_1。

$$\min f(X^1) = \min f(X^0 + \lambda P^0) = f(X^0 + \lambda_1 P^0)$$

[例 5-1] 求解规划问题 $\min f(X) = x_1 - x_2 + 2x_1^2 + 2x_1 x_2 + x_2^2$，$\boldsymbol{X}^0 = \begin{bmatrix} 0 \\ 0 \end{bmatrix}$。

解： $\qquad\qquad\qquad \nabla f(\boldsymbol{X}) = \begin{bmatrix} 1 + 4x_1 + 2x_2 \\ -1 + 2x_1 + 2x_2 \end{bmatrix}$

即 $\qquad\qquad\qquad\qquad \nabla f(\boldsymbol{X}^0) = \begin{bmatrix} 1 \\ -1 \end{bmatrix}$

令 $\qquad \boldsymbol{X}^1 = \boldsymbol{X}^0 + \lambda \boldsymbol{P}^0 = \boldsymbol{X}^0 - \lambda \nabla f(\boldsymbol{X}^0) = \begin{bmatrix} 0 \\ 0 \end{bmatrix} - \lambda \begin{bmatrix} 1 \\ -1 \end{bmatrix} = \begin{bmatrix} -\lambda \\ \lambda \end{bmatrix}$

则 $\quad f(\boldsymbol{X}^1) = f(\boldsymbol{X}^0 + \lambda \boldsymbol{P}^0) = -\lambda - \lambda + 2(-\lambda)^2 + 2(-\lambda)\lambda + \lambda^2 = \lambda^2 - 2\lambda$

求解一维搜索问题，得到最优步长 $\lambda_1 = 1$。

则有： $\qquad\qquad\qquad \boldsymbol{X}^1 = \begin{bmatrix} -\lambda_1 \\ \lambda_1 \end{bmatrix} = \begin{bmatrix} -1 \\ 1 \end{bmatrix}$

进行第二次迭代，计算得： $\qquad \nabla f(\boldsymbol{X}^1) = \begin{bmatrix} -1 \\ -1 \end{bmatrix}$

$$\boldsymbol{X}^2 = \boldsymbol{X}^1 + \lambda \boldsymbol{P}^1 = \boldsymbol{X}^1 - \lambda \nabla f(\boldsymbol{X}^1) = \begin{bmatrix} -1 \\ 1 \end{bmatrix} - \lambda \begin{bmatrix} -1 \\ -1 \end{bmatrix} = \begin{bmatrix} \lambda - 1 \\ \lambda + 1 \end{bmatrix}$$

则： $\qquad\qquad f(\boldsymbol{X}^1 - \lambda \nabla f(\boldsymbol{X}^1)) = 5\lambda^2 - 2\lambda - 1$

解得最优步长： $\qquad\qquad\qquad \lambda_2 = \dfrac{1}{5}$

有： $\qquad\qquad\qquad \boldsymbol{X}^2 = \begin{bmatrix} \lambda_2 - 1 \\ \lambda_2 + 1 \end{bmatrix} = \begin{bmatrix} -0.8 \\ 1.2 \end{bmatrix}$

依次类推，可以求出 $\boldsymbol{X}^3$，$\boldsymbol{X}^4$，…，得到越来越好的解。

5.2.3.3 停止原则

假设 $f(X)$ 为 R^n 上的可微凸函数, $X^* \in R^n$, 若 $\nabla f(X^*) = 0$, 则 X^* 为无约束非线性规划问题式 (5-6) 的整体最优解。

在对优化问题求近似最优解的过程中, $\nabla f(X^*) = 0$, 即梯度向量为零向量这一判断规则, 要求求出的解 X^n 对应的梯度向量 $\nabla f(X^n)$ 要近似为零向量; 而当该 $\nabla f(X^n)$ 的模 $\| \nabla f(X^n) \|$ 接近零时, 能保证每个分量均要接近零, 因此得到停止原则为 $\| \nabla f(X^n) \| < \varepsilon$, ($\varepsilon$ 为给定的误差精度)。

综上所述, 可以得到计算无约束非线性规划问题的求解步骤如下:

(1) 选取初始解 X^0, 给定终止误差 $\varepsilon > 0$, 令 $k = 0$;

(2) 计算 $\nabla f(X^k)$, 若 $\| \nabla f(X^k) \| < \varepsilon$, 则停止计算, X^k 就是近似最优解; 否则, 进行 (3);

(3) 进行一维搜索, 求最优步长:

$$f(X^k + \lambda_{k+1} P^k) = \min f(X^k + \lambda P^k) = \min f(X^k - \lambda \nabla f(X^k))$$

计算 $X^{k+1} = X^k - \lambda_{k+1} \nabla f(X^k)$, 并令 $k = k+1$, 返回 (2)。

[例 5-2] 求下列无约束非线性规划问题:

$$\min f(X) = (x_1 - 2)^4 + (x_1 - 2x_2)^2$$

其中

$$X^0 = \begin{bmatrix} 0 \\ 3 \end{bmatrix}, \varepsilon = 0.1 。$$

解:

$$\nabla f(X) = \begin{bmatrix} 4(x_1 - 2)^3 + 2(x_1 - 2x_2) \\ -4(x_1 - 2x_2) \end{bmatrix}, \nabla f(X^0) = \begin{bmatrix} -44 \\ 24 \end{bmatrix}$$

计算

$$\| \nabla f(X^0) \| = 50.12 > \varepsilon$$

求解一维搜索问题:

$$f(X^0 + \lambda_1 P^0) = \min f(X^0 + \lambda P^0) = \min f(X^0 - \lambda \nabla f(X^0))$$

$$\min f(44\lambda, 3 - 24\lambda) = \min[(44\lambda - 2)^4 + (92\lambda - 6)^2]$$

调用一维搜索计算程序, 得到 $\lambda_1 = 0.06$。

$$X^1 = \begin{bmatrix} 44\lambda_1 \\ 3 - 24\lambda_1 \end{bmatrix} = \begin{bmatrix} 2.64 \\ 1.56 \end{bmatrix}$$

计算: $\| \nabla f(X^1) \| = 1.47 > \varepsilon$。

继续计算下去, 直至得到 $X^7 = \begin{bmatrix} 2.28 \\ 1.15 \end{bmatrix}$。对应的 $\| \nabla f(X^7) \| = 0.09 < \varepsilon$。

得到该最优化问题的近似最优解为 $[2.28 \quad 1.15]^T$。

5.2.3.4 最优步长的公式计算

将 $f(X)$ 在 X^k 处展开成泰勒展开式, 取二次近似得到:

$$f(X^{k+1}) = f(X^k) + \nabla f(X^k)^T \Delta X + \frac{1}{2} \Delta X^T A \Delta X \tag{5-7}$$

其中 $\Delta X = X^{k+1} - X^k$, $A = \nabla^2 f(X^k)$ 为 $f(X)$ 在处 X^k 的二阶偏导数矩阵, 令

$$X^{k+1} = X^k - \lambda \nabla f(X^k)$$

$$\Delta X = -\lambda f(X^k)$$

则得：
$$f(X^{k+1}) = f(X^k) - \nabla f(X^k)^T \lambda f(X^k) + \frac{1}{2}(\lambda f(X^k))^T \mathbf{A} \lambda f(X^k)$$

上式对 λ 求导数并令其为零，得最优步长为：
$$\lambda_{k+1} = \frac{\nabla f(X^k)^T \nabla f(X^k)}{\nabla f(X^k) \mathbf{A} \nabla f(X^k)}$$

[例 5-3] 二次目标函数 $f(X) = x_1^2 + 2x_1x_2 + 2x_2^2$，$\mathbf{X}^k = \begin{bmatrix} 1 \\ -2 \end{bmatrix}$，求最优步长 λ_{k+1}。

解：
$$\nabla f(\mathbf{X}^k) = \begin{bmatrix} -2 \\ -6 \end{bmatrix}, \mathbf{A} = \nabla^2 f(\mathbf{X}^k) = \begin{bmatrix} 2 & 2 \\ 2 & 4 \end{bmatrix}$$

得最优步长为：
$$\lambda_{k+1} = \frac{\nabla f(X^k)^T \nabla f(X^k)}{\nabla f(X^k) \mathbf{A} \nabla f(X^k)} = \frac{\begin{bmatrix} -2 & -6 \end{bmatrix}\begin{bmatrix} -2 \\ -6 \end{bmatrix}}{\begin{bmatrix} -2 & -6 \end{bmatrix}\begin{bmatrix} 2 & 2 \\ 2 & 4 \end{bmatrix}\begin{bmatrix} -2 \\ -6 \end{bmatrix}} = \frac{40}{200} = 0.2$$

由例 [5-2] 发现，用最速下降法求无约束非线性规划问题的最优解时，当初始解远离最优解时，下降速度比较快；但当近似解越靠近最优解时，近似解收敛于最优解的速度就越来越慢了，这是最速下降法的不足。为了解决这一问题，后来发展了许多收敛更快的算法，共轭梯度法就是其中一种，如果目标函数是二元二次函数，该方法仅两次搜索就能找到最优解。由泰勒展开式可知，任意形式的函数在极值点附近都接近于一个二次函数，因此，该方法在极值点附近求最优就有明显的优点。但对于非二次函数，当维数很高时，二阶偏导数矩阵的计算工作量较大。

5.2.4　罚函数法

罚函数法是将有约束的非线性规划问题转化为无约束的非线性规划问题求解的一种方法。设有约束非线性规划问题为：
$$\min f(X)$$
$$\text{s.t } g_i(X) = 0 \ (i = 1, 2, \cdots, m，其中 X \in R^n) \tag{5-8}$$

将各约束函数与目标函数统一起来，去除约束条件，使原问题变为无约束问题。基于这一思想，构造以下罚函数 $P(X, M_k)$：
$$P(X, M_k) = f(X) + M_k \sum_{i=1}^{m} [g_i(X)]^2 \tag{5-9}$$

其中，M_k 称为罚因子，$M_k \sum_{i=1}^{m} [g_i(X)]^2$ 称为罚项，则得到无约束规划问题：
$$\min P(X, M_k) = f(X) + M_k \sum_{i=1}^{m} [g_i(X)]^2 \qquad X \in R^n \tag{5-10}$$

那么有约束问题式（5-8）与无约束问题式（5-10）的解有什么关系呢？由于罚函数 $P(X, M_k)$ 具有以下特点：

（1）在可行区域内，即任一 $g_i(X) = 0$，这时有 $P(X, M_k) = f(X)$。

（2）在可行区域外，即至少存在某一 $g_i(X) \neq 0$，则有 $P(X, M_k) > f(X)$。此时，

由于 $P(X, M_k)$ 比 $f(X)$ 大一罚项，而这种惩罚体现在求解过程中，对于违反约束的点给以很大的目标函数值，迫使无约束问题式（5-10）的解收敛于原问题式（5-8）的解；或者不妨假设当罚因子较小时，问题式（5-10）的解在可行区域之外，则当罚因子变大时，由于 $g_i(X)$ 是连续函数，这意味着远离可行区域的点对应的罚函数值比可行区域边界处的点对应的罚函数值大，所以 $P(X, M_k)$ 最小值点只可能向可行区域方向变动。当 $M_k \to \infty$ 时，问题式（5-10）的解收敛于原问题式（5-8）的解。

[**例 5-4**] 求解无约束非线性规划问题：

$$\min f(X) = x_1^2 + x_2^2$$

$$\text{s.t } g(X) = x_2 - 1 = 0 \qquad X \in R^2$$

解：写出罚函数：

$$P(X, M_k) = f(X) + M_k \sum_{i=1}^{m} [g_i(X)]^2 = x_1^2 + x_2^2 + M_k(x_2 - 1)^2$$

用解析法求极小值点得：

$$\begin{cases} \dfrac{\partial P}{\partial X_1} = 2x_1 = 0 \\ \dfrac{\partial P}{\partial X_2} = 2x_2 + 2M_k(x_2 - 1) = 0 \end{cases}$$

解方程组得到：

$$\begin{cases} x_1^* = 0 \\ x_2^* = \dfrac{M_k}{1 + M_k} = 1 \qquad (M_k \to \infty) \end{cases}$$

即原问题的最优解为 $(0, 1)^T$。

用罚函数求解无约束非线性规划的计算程序如下：

（1）给定初始点 X_0，初始罚因子 $M_1 > 0$（如 $M_1 = 1$），放大系数 $C > 0$，一般选取 $C = 10$，$k = 1$。

（2）求解罚函数 $P(X, M_k)$ 的无约束极小点，即以 X_{k-1} 为始点，求解 $\min P(X, M_k)$，得其极小值点 X_k。

（3）对于给定的 ε，若在 X_k 点，罚项 $M_k \sum_{i=1}^{m} [g_i(X)]^2 < \varepsilon$，则停止计算，$X_k$ 就是有约束问题的近似最优解；否则，令 $M_{k+1} = CM_k$，$k = k + 1$，返回（2）。

当约束条件含有不等式约束时，假如有约束的非线性规划问题为：

$$\min f(X)$$

$$\text{s.t } \begin{cases} g_i(X) = 0 (i = 1, 2, \cdots, m) \\ h_j \geq 0 (j = 1, 2, \cdots, l) \end{cases}$$

则相应的罚函数应为：

$$\min P(X, M_k) = f(X) + M_k \sum_{i=1}^{m} [g_i(X)]^2 + M_k \sum_{j=1}^{l} [\min(0, h_j(X))]^2$$

罚函数法分为外部罚函数法和内部罚函数法，以上介绍的是外部罚函数法。而内部罚函数法（也称为障碍罚函数法）是在可行域内部进行搜索，约束边界起到类似围墙的作用。当前解远离约束边界时，则罚函数值非常小；而当前解接近约束边界时，罚函数值趋于无穷大。对于大于等于零的约束问题，罚项等于罚因子与各约束函数的负倒数之和的乘积；对于小于等于零的约束问题，罚项等于罚因子与各约束函数的负倒数之和的乘积，求解方法与外部罚函数法类同。

5.3 多目标规划

在线性和非线性规划问题中，所研究的问题只含一个目标函数，这类问题属于单目标规划问题，简称单目标规划。但是，在工程技术、生产管理及国防建设领域，遇到的问题往往需要同时考虑多个目标在一定条件下的最优解，我们把含有多个目标的最优化问题称为多目标规划。多目标规划问题在各部门中大量存在，比如教育部门在采取各项改革措施时，需要同时考虑为社会多出人才、早出人才和出好人才等多个目标；国防部门在设计某种型号的导弹时，需要同时考虑导弹的射程、精度、自重和燃料消耗等多个目标；工业企业在生产管理中需要同时考虑产量、质量、交货期、安全、环保和健康等多个目标。对于大型工程问题，考虑的目标一般不能过于单一。从理论上说，考虑的目标越全面当然越好，但这样会使问题变得越来越庞大和复杂，给问题的最终解决带来技术上的困难。因此，对多目标最优化问题的分析，一方面要对解决问题的目标体系进行全面考察，避免顾此失彼；另一方面也要善于抓住主要矛盾，舍弃次要因素，使问题尽可能简化，以便技术处理更加可行。

5.3.1 多目标最优化的数学模型

多目标规划的数学模型可以统一表示为如下标准形式：

$$\min F(X) = \min(f_1(X), f_2(X), \cdots, f_p(X))^T \tag{5-11}$$
$$\text{s.t } G(X) = g_i(X)^T \leqq 0 (i = 1, 2, \cdots, m)$$

式中　p——目标的个数，$X \in R^n$。

在多目标规划中"$\leqq$"与"$\leq$"意义不同，参见式（5-12）。

在实际问题中，除了模型中对所有目标函数都求最小值之外，还可能会遇到对所有目标函数都求最大值；或者对一部分求最小值，其余目标函数求最大值；对一部分目标求最小值，另一部分目标函数求最大值，剩下的目标函数限制在一定范围内三种情况。对于第一种情况，由于求一个函数的最大值与求这个函数的负函数的最小值，具有相同的解，所以将目标函数变为其负函数，求最大就变成求最小的标准形式；对于第二种情况，也是只要将求最大的目标函数变为其负函数，把求最大变成求最小，则该问题就转化成了统一求最小的标准形式；至于第三种情况，把部分求最大转换成求最小后，再把限制在一定范围内的目标函数用不等式表示转入约束条件。

综上所述，任何一种多目标问题总可以用标准形式来描述。

5.3.2 多目标最优化的解

对于多目标规划问题的求解，首先遇到的一个问题是如何衡量目标值的好坏。对于单目标来说，对于任意两个可行解 X^1, X^2，总可以比较 $f(X^1)$ 与 $f(X^2)$ 的大小；而对于多目标问题来说，就变成了比较 $(f_1(X^1), f_2(X^1), \cdots, f_p(X^1))^T$ 与 $(f_1(X^2), f_2(X^2), \cdots, f_p(X^2))^T$ 的大小，它们都是 p 维向量，或者说是 p 维空间的点，而如何区分它们的大小？这是一个新问题。

为了界定多目标最优化问题的解，需要了解向量集的极值，这需要用到向量不等式。设对于任意 $y \in R^n$，$z \in R^n$，$y = (y_1, y_2, \cdots, y_n)^T$，$z = (z_1, z_2, \cdots, z_n)^T$，规定：

$$y = z \Leftrightarrow y_i = z_i \, (i = 1, 2, \cdots, n)$$
$$y > z \Leftrightarrow y_i > z_i \, (i = 1, 2, \cdots, n)$$
$$y \geqslant z \Leftrightarrow y_i \geqslant z_i \, (i = 1, 2, \cdots, n, \text{表示至少存在一个} \, i, \text{使} \, y_i > z_i) \tag{5-12}$$
$$y \geqq z \Leftrightarrow y_i \geqslant z_i \, (i = 1, 2, \cdots, n)$$

同样可以定义 $y < z$，$y \leqslant x$，$y \prec z$。

定义1 设 $Y \subset R^p$，$y^0 \in Y$，如果对一切 $y \in Y$，有 $y^0 \geqq y$，则称 y^0 是 Y 的绝对最大向量（见图5-3）。绝对最大向量是对每个分量来说都取得最大值，在实际问题中，这种情况一般很难出现。

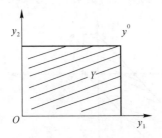

图5-3 绝对最大向量

定义2 设 $Y \subset R^p$，$y^0 \in Y$，如果不存在 $y \in Y$，使得 $y \geqslant y^0$（或 $y > y^0$），则称 y^0 是 Y 的最大向量（或弱最大向量），如图5-4中 BC 上的点是 Y 的最大向量，而 AB 上的点是 Y 的弱最大向量。

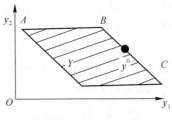

图5-4 最大向量

由于 n 维空间的点和向量是不加区分的，因此向量集 Y 的绝对最大向量、最大向量及弱最大向量也称为点集 Y 的绝对最优点、有效点及弱有效点，分别记为 E_{ab}、E_{pa}、E_{wp}。

同样，可以定义绝对最小向量、最小向量及弱最小向量，并采用同样的记号。

然而，E_{pa}、E_{wp} 究竟代表最小向量集、弱最小向量集，还是代表最大向量集、弱最大向量集，这将由问题本身来决定。

[例5-5] 设 $Y = \{(y_1, y_2)^T \mid y_1 = y_2^2 + 2y_2\}$，由图（5-5）易知，则 Y 的最大向量集、弱最大向量集为空集，而最小向量集、弱最小向量集均为：

$$E_{pa} = E_{WP} = \{(y_1, y_2) \mid y_1 = y_2^2 + 2y_2, y_2 \leqslant -1\}$$

如图 5-5 所示的实线部分。

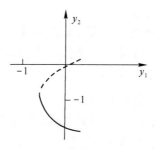

图 5-5 最小向量集

$\left[\,$**例 5-6**$\,\right]$ 设 $Y = \left\{(y_1, y_2)^T \left| \begin{array}{l} (y_1 - 2)^2 + (y_2 - 3)^2 \geqslant 1, \ y_2 - y_1 \leqslant 3 \\ y_2 \leqslant 3, \ y_1 - y_2 \leqslant 1, \ y_2 < 2 \end{array} \right.\right\}$,

则 Y 的最大向量集 E_{pa} 为弧 BC、弱最大向量集 E_{wp} 为线段 ABC，如图 5-6 所示。

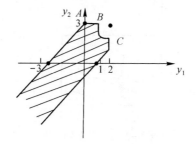

图 5-6 最大向量集

设多目标问题为：

$$\min F(X) = (f_1(X), f_2(X), \cdots, f_p(X))^T \tag{5-13}$$

其中　　　　$E^n = \{X \mid G(X) = (g_1(X), g_2(X), \cdots, g_m(X))^T \leqslant 0\}$

定义 3　对于多目标规划问题（5-13），设存在 X^*，如果任意 $X \in E^n$，有：

$$F(X^*) \leqslant F(X)$$

即对所有 $j = 1, 2, \cdots, p$，都有 $f_j(X^*) \leqslant f_j(X)$，则称 X^* 为该规划问题的绝对最优解，全体绝对最优解的集合记为 R_{ab}，如图 5-7 所示。

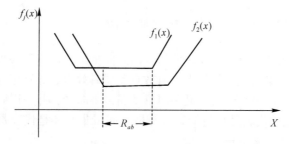

图 5-7 绝对最优解

定义 4　对于多目标规划问题（5-13），假设 $X^* \in E^n$，如果不存在 $X \in E^n$，使得：
$$F(X^*) \leqslant F(X)（或者 F(X^*) < F(X)）$$

则称 X^* 为该规划问题的有效解（或弱有效解），其全体记为 R_{pa} 或 R_{wp}，如图 5-8 和图 5-9 所示。

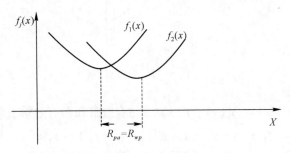

图 5-8　有效解（一）

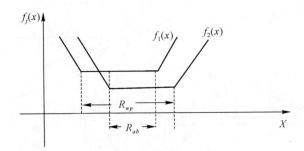

图 5-9　有效解（二）

容易得出：$R_{ab} \subset R_{pa} \subset R_{wp}$。

[**例 5-7**]　求 $\min F(x) = (f_1(x), f_2(x))^T$ 的有效解和弱有效解，两目标函数均为一元函数：$f_1(x) = x^2 - 2x$，$f_2(x) = -x$，$E^1 = \{x \mid 0 \leqslant x \leqslant 2\}$。

解：如图 5-10 所示，当不易看出该问题的有效解和弱有效解时，可以转换求目标集的有效点和弱有效点。如将 $x = -f_2(x)$，代入 $f_1(x)$ 得 $f_1(x) = f_2(x)^2 + 2f_2(x)$。

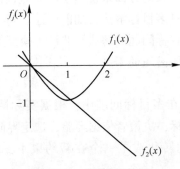

图 5-10　有效解（三）

当 $0 \leqslant x \leqslant 2$ 时，目标集由弧 OAB 构成，如图 5-11 所示。容易看出，目标集的有效点和弱有效点 $E_{pa} = E_{wp} =$ 弧 AB，对应的有效解和弱有效解为 $R_{pa} = R_{wp} = [1, 2]$。

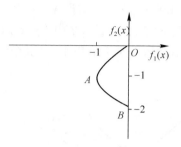

图 5-11   有效点

[**例 5-8**] 求 $\min F(x) = (f_1(x), f_2(x))^T$ 的有效解和弱有效解，两目标函数均为二元函数：$f_1(x) = x_1 + 2x_2$，$f_2(x) = -x_1 - x_2$，$E^2\{(x_1, x_2) \mid 0 \leqslant x_1 \leqslant 1, 0 \leqslant x_2 \leqslant 1\}$。

解：由于可行区域为一正方形，如图 5-12 所示，现将正方形 4 个顶点坐标分别代入目标函数得到 4 个目标集的顶点，如图 5-13 所示，目标集为一菱形。容易看出：

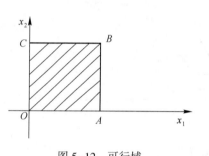

图 5-12   可行域

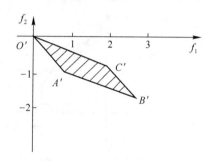

图 5-13   有效解（四）

$$E_{pa} = E_{wp} = 折线\ O'A'B'$$

对应的有效解和弱有效解为 $R_{pa} = R_{wp} = 折线\ OAB$。

5.3.3 多目标最优化的解法

多目标最优化问题的解法从大的方面来说，可以分为直接解法和间接解法。直接解法分为单变量多目标解法和多变量多目标解法，如前所述。间接解法可分为：转化为单个目标问题的解法、转化成多个单目标问题的解法和非统一模型的解法三种。

5.3.3.1   转化为单个目标问题的解法

A   主要目标法

主要目标的基本思想是：在多目标问题中，根据实际情况，确定一个目标为主要目标，而把其余目标作为次要目标，决策者依据经验，选定界限，将次要目标作为约束条件来处理，这样就把多目标问题转化成了一个在新约束下，求主要目标的单目标最优化问题。

B   线性加权和法

线性加权和法是将多个目标分别乘以每个目标的权重系数（重要程度），然后相加作为目标函数。

C　极大极小法

极大极小法思想是：对于每一个 $X \in E^n$，求出诸目标中的最大值，然后求这些最大值中的最小者，即变为如下单目标问题，如图 5-14 所示。

$$\min_{X \in E^n}\{\max_{1 \leqslant j \leqslant p}\{f_j(X)\}\} \tag{5-14}$$

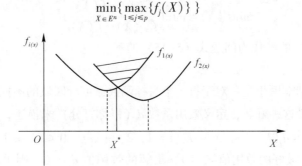

图 5-14　极大极小法最优解

可以得出式（5-14）的解一定是原问题的弱有效解。

D　理想点法

理想点方法的基本思想是：如果决策者能够事先对每个目标 $f_j(X)$ 给出一个理想目标值 f_j^0，则使 $F(X)$ 与 F^0 之间距离最短的点 X，就是多目标问题的解，相应的单目标问题为：

$$\min_{X \in E^n} \| F(X) - F^0 \| = \sqrt{(f_1(X) - f_1^0)^2 + (f_2(X) - f_2^0)^2 + \cdots + (f_p(X) - f_p^0)^2}$$

5.3.3.2　转化成多个单目标问题的解法

A　分层序列法

分层序列法的基本思想是：将目标函数按其重要性排序，然后在满足最重要目标的基础上，求满足次要目标的解，即在求出最重要目标的最优解集内求出次要目标的最优解集，依次进行下去，直到求出最后一个目标的解为止，把最后得到的解作为原问题的解。

B　重点目标法

重点目标法的基本思想是：如果在 p 个目标中，有一个重点目标，不妨假设 $f_1(X)$ 是头等重要的目标，而其余 $p-1$ 个目标的重要程度难以分清，则可先在 E^n 上求 $f_1(X)$ 的最优解，然后在其最优解集上求其余 $p-1$ 个目标构成的新多目标问题的解，并把它作为原问题的最优解。

C　分组排序法

分组排序法的基本思想是：把多目标问题的目标函数分成若干组，使每组中的目标函数的重要程度差不多，或实际要求类似，然后各组按其重要程度排序，最后在前一组最优解的基础上求后一组的最优解，并把最后一组的最优解作为原问题的解。

5.3.3.3　非统一模型的解法

A　乘除法

乘除法的基本思想是：假设 p 个目标中有一部分目标要求越小越好，而另一部分目标要求越大越好。不妨假设前 k 个目标求最小，后 $p-k$ 个目标求最大，如果所有目标函数值都大于零，则可将原问题转化为统一的求极小问题：

$$\min_{x \in E^n} F(X) = \min_{x \in E^n} (f_1(X), f_2(X), \cdots, f_k(X), \frac{1}{f_{k+1}(X)}, \cdots, \frac{1}{f_P(X)})^T \quad (5-15)$$

然后构造如下单目标规划问题：

$$\min_{x \in E^n} F(X) = \min_{x \in E^n} (\frac{f_1(X) \cdots f_k(X)}{f_{k+1}(X) \cdots f_p(X)})^T \quad (5-16)$$

并将问题式（5-16）的解作为问题式（5-15）的解。

B　效用系数法

效用系数法的基本思想是：对于每一个目标函数，可行区域的不同点对应的函数值有好坏之分，为了衡量这种好坏，定义效用系数 d_j（俗称打分）来描述，即令：

$$d_j = d_j(f_j(x)), \quad X \in E^n(j = 1, 2, \cdots, p, 0 \leq d_j \leq 1)$$

对每个 $f_j(X)$，最好的效用值 $d_j = 1$，最坏的效用值 $d_j = 0$，则可以构造以下单目标问题：

$$\max_{X \in E^n} \left[\prod_{j=1}^{p} d_j(f_j(X)) \right]^{\frac{1}{p}}$$

自 20 世纪 70 年代以来，多目标规划的研究越来越受到人们的重视，至今多目标规划理论仍处于不断发展之中。

5.4　随机规划

随机规划是随着确定性规划的不断发展而产生的，当规划问题中有随机变量介入时，便出现了随机规划问题。

在确定性规划问题中，一般用随机变量的期望值代替了随机变量本身，这往往导致不合理的解，例如考虑下面的线性规划问题：

$$\min 2x_1 + x_2$$
$$\text{s. t.} \begin{cases} x_1 + x_2 - x_3 = b_1 \\ x_1 - x_2 + x_4 = 4 \\ x_1, x_2, x_3, x_4 \geq 0 \end{cases} \quad (5-17)$$

其中，b_1 为离散随机变量，它的分布律为：

b_1	0	5	10
P	$\frac{1}{4}$	$\frac{1}{2}$	$\frac{1}{4}$

由于随机变量 b_1 的期望值为 5，即 $Eb_1 = 5$，将其代入式（5-17）后，解线性规划问题，得到最优解为 $X^* = (\frac{9}{2}, \frac{1}{2}, 0, 0)^T$。

然而，对于规划问题式（5-17）来说，X^* 只有 $\frac{1}{2}$ 的概率为可行解，当 $b_1 = 0$ 或 $b_1 = 10$

时，X^* 不是式（5-17）的可行解。在实际问题中，如果将 X^* 作为所给问题的决策，则它只有一半的可能性是可行的，另一半可能性下，它是不可行的，更谈不上最优，这显然是不可接受的。

在实际问题中，处理规划问题中随机变量的方法有两种：一种是等到观察到随机变量的实现以后再解出相应的规划问题（做出决策）；另一种是在观察到随机变量的实现之前便做出决策，但这时应事先考虑到，如果随机变量的实现观察到以后，发现决策变量是不可行解，将如何处理这类规划问题呢？两种不同的处理方法将得出两种不同的随机规划模型。

5.4.1　分布问题

设某一规划问题的各系数中含有随机变量，在观察到这些随机变量实现以后，这些系数将变为确定数，从而得到相应的确定性规划问题。对应于不同的观察值，便得到不同的确定性规划，从而有不同的最优解和最优值。这时，我们要解决的不仅仅是各个确定性规划本身，而且还要知道所有这些确定性规划问题最优值的概率分布，以及最优值的期望值。

［例5-9］求下列随机线性规划问题最优值的分布函数。

$$z(\boldsymbol{\omega}) = \min(2 - \xi(\boldsymbol{\omega}))x_2 - 3x_3 + 2\xi(\boldsymbol{\omega})x_5 \qquad (5-18)$$

$$\text{s. t} \begin{cases} x_1 + 3x_2 - x_3 + 2x_5 = 7 \\ -2x_2 + 4x_3 + x_4 = 12 \\ -4x_2 + 3x_3 + 8x_5 + x_6 = 10 \\ x_j \geq 0, \ j = 1, \ 2, \ \cdots, \ 6 \end{cases}$$

其中，$\xi(\boldsymbol{\omega})$ 为 ［0，2］上均匀分布的随机变量。

解：由于系数矩阵含现成的单位矩阵，即由第一、四、六列组成的矩阵，得到对应的基本可行解为：

$$\boldsymbol{X}^1 = (7, \ 0, \ 0, \ 12, \ 0, \ 10)^T$$

由于非基变量 x_3 的检验数 $\lambda_3 = -3$ 最小，取 x_3 新基变量，而 x_4 为换出变量后，得到新的基本可行解为：

$$\boldsymbol{X}^2 = (10, \ 0, \ 3, \ 0, \ 0, \ 1)^T$$

此时，当 $\xi(\boldsymbol{\omega}) \in \left[0, \dfrac{1}{2}\right]$ 时，所有检验数非负，得最优值：

$$z(\boldsymbol{\omega}) = -9$$

继续将 x_2 换为基变量后，又得到新的基本可行解为：

$$\boldsymbol{X}^3 = (0, \ 4, \ 5, \ 0, \ 0, \ 11)^T$$

此时，当 $\xi(\boldsymbol{\omega}) \in \left[\dfrac{1}{2}, 2\right]$ 时，所有检验数非负，得最优值：

$$z(\boldsymbol{\omega}) = -7 - 4\xi(\boldsymbol{\omega})$$

综上所述，规划问题式（5-18）最优值的分布函数为：

$$z(\boldsymbol{\omega}) = \begin{cases} -9, & \xi(\boldsymbol{\omega}) \in \left[0, \dfrac{1}{2}\right] \\ -7 - 4\xi(\boldsymbol{\omega}), & \xi(\boldsymbol{\omega}) \in \left[\dfrac{1}{2}, 2\right] \end{cases}$$

进一步得到最优值的期望值为

$$Ez(\boldsymbol{\omega}) = \int_0^{\frac{1}{2}} (-9) \frac{1}{2}\mathrm{d}t + \int_{\frac{1}{2}}^2 (-7 - 4t) \frac{1}{2}\mathrm{d}t = -\frac{45}{4}$$

5.4.2 二阶段有补偿问题

设有一报童，每天清晨到报纸发行处批发报纸到街上零售，每份报纸批发价为 a （分），零售价为 p （分），设每天能销售出去的报纸的份数为 $b(\boldsymbol{\omega})$ 份，报童知道 $b(\boldsymbol{\omega})$ 的分布规律，问报童每天应批发多少份报纸最好？

在这一决策问题中，要求在随机变量发生之前便做出决策。现在假设报童批发 x 份报纸，如果刚好卖完，则收入为 $(p - a)x$ （分）；如果还有 y_2 份没卖完，则损失 py_2 （分），如果不够卖，少批发了 y_1 份，则损失为 qy_1 （分）（ q 为每份应多赚的钱），则 y_1，y_2 满足的约束条件为：

$$x + y_1 - y_2 = b(\boldsymbol{\omega}), \; y_1 \geq 0, \; y_2 \geq 0$$

为了使损失最小，即得到下列规划问题：

$$Q(x, \boldsymbol{\omega}) = \min(qy_1 + py_2)$$
$$\text{s.t } y_1 - y_2 = b(\boldsymbol{\omega}) - x(y_1 \geq 0, \; y_2 \geq 0) \tag{5-19}$$

由于每天的损失 $Q(x, \boldsymbol{\omega})$ 是随机变量，合理的决策应该是考虑平均损失 $EQ(x, \boldsymbol{\omega})$，所以，报童面临的决策问题应为：

$$\max[(p - a)x - EQ(x, \boldsymbol{\omega})] \tag{5-20}$$

或者写成：

$$\max\left[(p - a)x - E\left(\min_{y_1 \geq 0, \; y_2 \geq 0}(qy_1 + py_2) \mid y_1 - y_2\right)\right] = b(\boldsymbol{\omega}) - x$$

以上问题就是二阶段有补偿问题。

这类问题可归纳为：（假设）选定 $X \rightarrow$（设已观察到随机变量的实现）再选定 $Y \rightarrow$（真正地）选定 X^*。式（5-19）为第二阶段问题，式（5-20）为第一阶段问题。

一般地，如有非线性规划问题：

$$\min f(X)$$
$$\text{s.t } \begin{cases} g_i(X) \geq 0 & (i = 1, \cdots, m) \\ X \in D \end{cases}$$

假设约束条件中含有随机变量，即约束条件变为：

$$g_i(X, \xi(\boldsymbol{\omega})) \geq 0$$

现在要求决策 X 在观察到 $\xi(\boldsymbol{\omega})$ 发生之前做出，设这时的补偿值为 Y，由此引起的惩罚值为 $q(X, Y, \xi(\boldsymbol{\omega}))$，则相应的第二阶段问题为：

$$Q(X, \boldsymbol{\omega}) = \min q(X, Y, \xi(\boldsymbol{\omega})) \tag{5-21}$$
$$\text{s.t } g_i(X, Y, \xi(\boldsymbol{\omega})) \geq 0, \; i = 1, 2, \cdots, m, \; Y \in R^l$$

于是，最终的二阶段有补偿问题为：

$$\min f(X) + EQ(X, \omega) \tag{5-22}$$
$$X \in D \in R^n$$

其中，$Q(X, \omega)$ 为第二阶段问题式（5-21）的最优值。

二级段有补偿问题的求解比较繁琐，一般采用逼近方法来求解。

5.4.3 概率约束规划

在观察到随机变量的实现之前做出决策，即允许决策在一定程度上（以不大于某一事先给定的概率）不满足约束条件。但是，当不满足约束条件而引起的损失较大时，这一事先给定的概率应尽量给得小些。

设某一系统的极值问题可以归结为下列非线性规划问题：

$$\min f(X)$$
$$\text{s.t } g_i(X) \geq 0, \ i = 1, 2, \cdots, m, \ X \in E^n$$

现在假设约束条件中含有随机变量，即具有：

$$g_i(X, \xi(\omega)) \geq 0, \ i = 1, 2, \cdots, m, \ X \in E^n$$

实际问题中，可以允许约束条件受到某种程度的破坏，但要求约束条件得到满足的概率不小于事先选定的常数，则称该问题为概率约束规划问题。概率约束规划问题分两种情况：

（1）如果对每一约束条件都选定一个常数 α_i，$0 \leq \alpha_i \leq 1$，则有下列单个约束规划问题：

$$\min f(X) \tag{5-23}$$
$$\text{s.t } P_i\{g_i(X) \geq 0\} \geq \alpha_i, \ i = 1, 2, \cdots, m, \ X \in E^n$$

（2）如果对所有约束条件只选定一个常数 α，$0 \leq \alpha \leq 1$，则有下列联合约束规划问题：

$$\min f(X) \tag{5-24}$$
$$\text{s.t } P_i\{g_i(X) \geq 0, \ i = 1, 2, \cdots, m\} \geq \alpha, \ X \in E^n$$

例如，在水利设施的最优化设计中，就要考虑降雨量或来水量的大小。如果假设每个季节流入水库的水量为 $R_i(\omega)$，水库的库容量设计为 C。为了满足防洪要求，一年中第 i 季度水库应空出一定的容量 V_i，设第 i 季度初水库的蓄水量 S_i，为了以较大的概率 α_1 保证水库达到抗洪要求，得到约束条件：

$$P(C - S_i \geq V_i) \geq \alpha_1, \ i = 1, 2, 3, 4$$

为了满足灌溉、发电及航运等用水要求，水库每一季度应保证一定的放水量 q_i。设第 i 季度的可放水量为 x_i，满足这一要求的概率为 α_2，得到约束条件：

$$P(x_i \geq q_i) \geq \alpha_2, \ i = 1, 2, 3, 4$$

为了保证水生放养，要求水库的最小储水量为 S_m，既有约束条件：

$$P(S_i \geq S_m) \geq \alpha_3, \ i = 1, 2, 3, 4$$

通过以上分析，得到以下优化问题：

$$\min C \tag{5-25}$$
$$\text{s.t } \begin{cases} P(C - S_i \geq v_i) \geq \alpha_1 \\ P(x_i \geq q_i) \geq \alpha_2 \\ P(S_i \geq S_m) \geq \alpha_3, \ x_i \geq 0, \ S_i \geq 0, \ i = 1, 2, 3, 4 \end{cases}$$

由于每一季度的可放水量 x_i 与每一季度初的储水量 S_i 有关，水库管理人员根据水情决定，假设：

$$x_i = S_i - b_i \qquad (5-26)$$

式中 b_i——新决策变量。

进一步假设 $R_i(\omega)$ 为第 i 季度流入水库的流量，蒸发和渗漏量忽略不计，则应有：

$$S_i = S_{i-1} + R_{i-1}(\omega) - x_{i-1} = S_{i-1} + R_{i-1}(\omega) - S_{i-1} + b_{i-1} = R_{i-1}(\omega) + b_{i-1}$$

将其代入式（5-26）得：

$$x_i = S_i - b_i = R_{i-1}(\omega) - b_i + b_{i-1}$$

从而，优化问题式（5-25）改写为以下概率约束问题：

$$\min C \qquad (5-27)$$

$$\text{s.t} \begin{cases} P(C - R_{i-1}(\omega) - b_{i-1} \geq v_i) \geq \alpha_1 \\ P(R_{i-1}(\omega) - b_i + b_{i-1} \geq q_i) \geq \alpha_2 \\ P(R_i - b_i \geq S_m) \geq \alpha_3, \ i = 1, 2, 3, 4 \end{cases}$$

其中，$R_0(\omega) = R_4(\omega)$，$b_0 = b_4$，$R_i(\omega)$ 为已知概率分布的随机变量，C，b_i 为决策变量。

概率约束规划的求解，一般有数值解法和逼近方法两种。

5.5　现代优化算法

传统的优化算法（解析法、数值计算法等）对一些特定问题（目标与约束函数可微等）的求解给出了非常好的办法，这些方法随着优化问题决策变量的增加，其计算工作量会按指数速度增加，在一些情况下，会导致优化算法的计算时间使人无法接受。为此，20世纪80年代初，产生了遗传算法、模拟退火算法、蚁群算法、粒子群算法及人工神经网络算法等现代优化算法。现代优化算法的主要对象是优化问题中的难解问题或系统模型过于复杂无法用解析方程来描述的问题。现代优化算法涉及生物进化、人工智能、神经网络等学科知识，它们都是在一定直观基础上构造的算法，也称为启发式算法。启发式算法的特点是：在可接受的计算时间或费用范围内寻找满意解，但不一定保证所得解的最优性，甚至在多数情况下，无法了解所得解与最优解的偏离程度，因为该类问题的最优解在大多数情况下是无法明确知道的。

对于目标函数为凸函数，可行域为凸集的凸规范化问题，因为其局部最优解就是它的整体最优解，这类问题的求解一般采用传统优化算法。而对于多极值问题、目标函数不可微（甚至不连续）问题，以及一些难以求解的组合优化问题（决策变量为离散变量的优化问题），往往只能用现代优化算法进行求解。

本节主要介绍遗传算法、模拟退火算法与粒子群算法。现代优化算法还有禁忌算法、蚁群算法与人工神经网络算法等。

5.5.1　遗传算法

遗传算法于 1975 年由美国的 Holland 教授提出，它是模拟生物进化中的自然选择、优胜劣汰及生物遗传变异机理而设计的一种计算方法，或者说是模拟生物进化过程来搜索优化问题最优解的一种启发式算法。

生物进化的基本规律是：假设有一群初始幼体，在成长过程中，由于自然环境的恶劣和天敌的侵害，部分个体被淘汰，另一部分个体通过竞争成为种群。种群再通过婚配作用产生子代群体如图 5-15 所示。子代的特征是由染色体决定的，染色体又由多个基因组成，子代染色体是由两个父代染色体中的基因通过竞争配对形成的，同时也可能伴随个别基因的变异，或者通过发育实现变异。

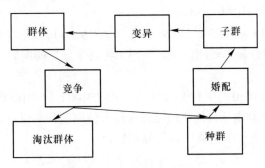

图 5-15 生物进化循环

遗传算法的步骤为：（1）对优化问题的解进行编码，即将选取的一组初始可行解进行编码（如二进制编码），或者说将每个解转换成二进制数（向量），组成编码的元素称为基因。编码的目的是为了便于进行遗传与变异操作。（2）适应函数的选取及适用函数值的计算与应用。适应函数是依据目标函数确定的用于区分个体好坏标准的函数。在实际问题中，有的问题是求目标的最大值，而有的问题是求目标的最小值，因此应将目标函数映射成求最大值且函数值为非负的适应函数。在生物进化中适者生存、优胜劣汰产生了种群，对应于遗传算法，要求适应函数值越大的解有越大的机会保留下来，而适用函数值越小的解，越有可能被淘汰。为实现这一想法，需要根据适应函数值的大小来确定每一解被保留下来的概率分布，再依据这一概率分布随机选取一组解（相当于种群）。（3）交叉配对与变异。双亲的染色体通过基因的交叉配对，生成下一代染色体，即将两个不同解的部分分量进行交叉对换，形成两个新解，同时可能发生变异，变异是某些解的编码发生变化，这使解具有更大的遍历性，避免局限于仅仅搜索局部最优解。生物进化与遗传算法在各自领域的相关概念对应关系见表 5-1。

表 5-1 生物进化与最优化相关概念的对应关系

生物进化有关概念	遗传算法对应概念
个体	一个解
群体	选定的一组解
染色体	解的编码（如二进制编码）
基因	解的编码中的每一分量
适应性	解对应的适应函数值
适者生存	适应函数值大的解更可能被保留
种群	依据适应函数值选取的一组解
交叉	一对染色体的部分基因进行交叉配对
变异	编码中的某一分量发生变化的过程

由于经过适者生存、优胜劣汰产生的种群总体上拥有比初始群体更优秀的基因，它们经遗传变异生成的下一代群体，比上一代更能适应环境，这也表明经遗传算法迭代操作后，下一组解比上一组解总体上更优。通过重复迭代，最后将末代解解码，作为原问题的近似最优解。遗传算法的具体操作过程，以下通过举例来说明。

[**例 5-10**] 用遗传算法求解 $\max f(x) = x_1^2 + x_2^2$，$0 \leqslant x_1$，$x_2 \leqslant 15$，且 x_i 为整数。

解：（1）选取一组初始解 $x = (x_1, x_2)$ 为：

$$x^1 = (15, 10), \quad x^2 = (8, 7), \quad x^3 = (9, 4), \quad x^4 = (4, 3)$$

由于表示一个解的分量需要四位二进制码，将两个分量的编码并排在一起，则它们分别为：

$$(11111010), \quad (10000111), \quad (10010100), \quad (01000011)$$

（2）由于目标函数值非负且优化问题是求最大值问题，所以可选取适应函数为目标函数，算出每个初始解的适应函数值，它们分别是：

$$f_1 = 325, \quad f_2 = 113, \quad f_3 = 97, \quad f_4 = 25$$

（3）计算每一个体选为种群的概率：

$$p_1 = \frac{f_1}{\sum_{i=1}^{4} f_i} = \frac{325}{560}, \quad p_2 = \frac{113}{560}, \quad p_3 = \frac{97}{560}, \quad p_2 = \frac{25}{560}$$

按以上概率选取 4 个个体成为种群，则有可能选到 x^1，x^2，x^1，x^3。

（4）如果将两个解的每个分量都以中间位置为交叉点进行交叉配对，则得到一组新解 y^1，y^2，y^3，y^4 如下：

$$x^1 = (11 \mid 1110 \mid 10), \quad y^1 = (11001011)$$
$$x^2 = (10 \mid 0001 \mid 11), \quad y^2 = (10110110)$$
$$x^1 = (11 \mid 1110 \mid 10), \quad y^3 = (11011000)$$
$$x^3 = (10 \mid 0101 \mid 00), \quad y^4 = (10110110)$$

（5）假设在交叉配对过程中，某一基因发生了变异，不妨假设 y^4 的第二位基因发生变异，即 0 变为 1，那么 $y^4 = (11110110)$。如果将四个新解转换为十进制数，则有：$y^1 = (12, 11)$，$y^2 = (11, 6)$，$y^3 = (13, 8)$，$y^4 = (15, 6)$，对应的目标值分别为 265，157，233，261。从总体上来看，新解是一组比初始解更优的解。最后重复以上过程，直至得到满意解为止。

[**例 5-11**] 用遗传算法求解 $\max f(x) = 1 - x^2$，$x \in [0, 1]$。

解：（1）对连续变量进行编码，需要考虑误差的大小，假设对解的误差要求为 $\frac{1}{16}$，则用四位二进制编码就能满足要求。由于 x 是 0 与 1 之间的小数，因此可以将四位二进制码与该小数之间建立以下对应关系：

$$(abcd) \rightarrow \frac{a}{2} + \frac{b}{4} + \frac{c}{8} + \frac{d}{16}$$

选取一组初始解为：

$$x^1 = \frac{1}{16}, \quad x^2 = \frac{1}{4}, \quad x^3 = \frac{3}{16}, \quad x^4 = \frac{7}{8}$$

对应的编码为：
$$(0001), (0100), (0011), (1110)$$

（2）每个初始解对应的适应函数值分别为：
$$f_1 = 0.996, f_2 = 0.938, f_3 = 0.965, f_4 = 0.234$$

（3）计算每一个体选为种群的概率，得到：
$$p_1 = 0.318, p_2 = 0.299, p_3 = 0.308, p_2 = 0.075$$

按以上概率选取 4 个个体成为种群，则有可能 x^1, x^2, x^1, x^3。

（4）如将一对解以中间位置为交叉点进行交叉配对，而另一对解只第四位进行交叉配对，得到一组新解 y^1, y^2, y^3, y^4 如下：
$$x^1 = (00 \mid 01), \quad y^1 = (0000)$$
$$x^2 = (01 \mid 00), \quad y^2 = (0101)$$
$$x^1 = (000 \mid 1), \quad y^3 = (0001)$$
$$x^3 = (001 \mid 1), \quad y^4 = (0011)$$

（5）假设在交叉配对过程中，y^2 的第一位基因发生变异，那么有：
$$y^2 = (1101)$$

如果将 4 个新解转换为十进制数，则有 $y^1 = 0$，$y^2 = \dfrac{13}{16}$，$y^3 = \dfrac{1}{16}$，$y^4 = \dfrac{3}{16}$，新解总体上比初始解更优。最后重复以上过程，直至得到满意解为止。

在上例中，当连续变量 $x \in [a, b]$ 时，则需要令 $z = \dfrac{x - a}{b - a}$，其中 $z \in [0, 1]$，即应将选取的初始可行解映射成为 0 与 1 之间的数，然后再进行编码。

通过以上例子，可以得出遗传算法的解题步骤为：

（1）选择一组初始群体 $p_i(1)$，$i = 1, 2, \cdots, N$（N 为偶数），针对其解进行编码，设置代数控制变量 t 及最大代数 T，令 $t = 1$。

（2）计算群体 $p_i(t)$ 中每个个体的适应函数值 f_i。

（3）计算概率：
$$p_i = \frac{f_i}{\sum\limits_{i=1}^{N} f_i} \qquad i = 1, 2, \cdots, N \tag{5-28}$$

并以式（5-28）的概率分布在 $p_i(t)$ 中随机选取一个个体，并重复选取 N 次，构成一种群 $\text{newp}(t + 1) = \{p_i(t) \mid i = 1, 2, \cdots, N\}$。

（4）进行交叉配对得到新群体 $\text{cross} p_i(t + 1)$。

（5）以一较小概率使群体中某一个体的某一基因发生变异，得到 $p_i(t + 1)$。

（6）若 $t + 1 = T$，终止计算，以 $p_i(t + 1)$ 作为近似最优解，并对其进行解码；否则，令 $t = t + 1$，返回（2）。

遗传算法对初始群体的选取，一般采取随机产生或者用其他方法先构造一个初始群体，通过其他方法构造的初始群体可能减少进化代数，但也可能过早陷入局部最优群体中，这种现象称为早熟。群体中个体的个数 N 越大，群体的代表性越广泛，但计算工作量会增加。在一些应用中，为了使算法更有效，N 是与遗传代数 T 有关的变量。

初始群体选取的具体方法：（1）根据问题固有知识，设法把握最优解所占空间在整个问题空间中的分布范围，然后，在此分布范围内设定初始群体。（2）先随机生成一定数目的个体，然后从中挑出最好的个体加到初始群体中。这种过程不断迭代，直到初始群体中个体数达到了预先确定的规模。

种群的选取是以轮盘赌形式产生的，即将轮盘分为 N 个扇形，每一扇形的面积占比为 p_i，转动 N 次轮盘，将每次指针所指扇形对应的个体取为种群，这也相当于每一轮产生一个 $[0, 1]$ 之间的均匀随机数，将该随机数作为选择指针来确定被选个体。由于概率 p_i 反映了个体 i 的适应函数值在整个群体的个体适应函数值总和中所占的比例，所以个体适应函数值越大，其被选择的概率就越高。

种群选定以后，将种群中个体两两配对后随机地交换某些基因，交叉点位可以采用单点位、多点位或均匀点位等。

变异操作包括两步：一是对群中所有个体以事先设定的变异概率判断是否进行变异；二是对进行变异的个体随机选择变异位进行变异。

遗传算法具有以下优越性：

（1）遗传算法适应于求解多变量、多目标和在多区域且目标函数连续性差的最优化问题，这些问题用传统优化算法进行求解的可能性很小，因此遗传算法具有广泛的适用性。

（2）用遗传算法求解旅行商问题、加工调度问题、背包问题、装箱问题等组合优化问题时，其计算过程一般比较简单，而且能得到一组满意解。

（3）遗传算法同其他启发式算法有较好的兼容性，如可以用其他算法先求初始解，再用遗传算法求满意解。

遗传算法在自动控制、图像处理、人工生命、遗传编码及机器学习等方面获得了广泛的运用。

5.5.2 模拟退火算法

5.5.2.1 模拟退火算法的基本原理

退火是指将金属或非金属材料缓慢加热到一定温度，保持足够时间，然后以适宜速度冷却的过程。加热时，材料内部粒子随温度升高变为无序状态，内能增大，而徐徐冷却时粒子的热运动逐渐减弱，粒子渐趋有序，在每个温度都达到平衡态，最后在常温时达到基态，内能减为最小，此时粒子运动变为围绕晶体格点的微小振动。热平衡系统中粒子处于不同能量状态的概率服从玻尔兹曼分布：

$$P(E = E_i) = \left(\frac{e^{-\frac{E_i}{kT}}}{\sum\limits_{j=0}^{n} e^{-\frac{E_j}{kT}}} \right) \qquad (i = 0, 1, \cdots, n) \qquad (5-29)$$

式中　　E——粒子能量；

　　　　E_i——第 i 级能量；

　　　　P——粒子处于该能级的概率；

　　　　k——玻尔兹曼常数；

　　　　T——热平衡系统的温度。

1953 年 Metropolis 等人应用蒙特卡罗技术模拟固体在恒温下达到热平衡的过程。设粒

子处于初始能量 E_i 状态，由于随机热运动后，粒子的能量将发生随机流动，使粒子处于另一能量为 E_j 状态。如果 $E_j < E_i$，则是有利于系统自由能减少的自发变化；当 $E_j > E_i$，即由于热运动的影响，达到状态 j 的概率为：

$$P(E = E_i \rightarrow E = E_j) = \exp(\frac{E_i - E_j}{kT}) \tag{5-30}$$

这一接受新状态的准则称为 Metropolis 准则。

1983 年 Kirkpatrick 等人将退火思想运用于求解组合优化问题，把接受新状态的 Metropolis 准则引入优化过程，得到了求解组合优化问题的模拟退火算法。

模拟退火算法的计算思路是：设优化问题的一个解 X_i 及其目标函数值 $f(X_i)$ 分别与固体的一个微观状态 i 及其能量 E_i 等价，而控制参数 t 相当于温度，先取 $k = 1$（k 为不同温值数），则对于控制参数 t 取初值时，持续进行"产生新解 $X_j \rightarrow$ 计算 $f(X_j) - f(X_i) \rightarrow$ 判断接受或舍弃 X_j"的迭代过程，就对应着某一温度下系统趋于热平衡的过程，即执行了一次 Metropolis 算法。模拟退火算法从某一初始解出发，给定初始温度 t_1，经过大量解的变换后，可以求得优化问题的相对最优解。取 $k = 2$，进一步减小 t 的取值，重复执行 Metropolis 算法。重复以上迭代过程，当控制变量 t 趋于零时，得到优化问题的整体最优解。

5.5.2.2 模拟退火算法的操作步骤

对于目标函数最小化问题，模拟退火算法的操作步骤如下：

（1）给定初始温度 t_1，终止温度 t_f，可随机产生一初始解 X_0，$T(t)$ 表示控制参数更新函数。

（2）$k = 1$，k 为降温过程中，温度取不同值的次数。

（3）$X_k = X_{k-1}$，设置第 k 次迭代时解的变换个数 L_k，$i = 1$。

（4）对当前解做一随机变动，产生一新解 X_{ki}，计算目标函数的增量 $\Delta = f(X_{ki}) - f(X_k)$。

（5）若 $\Delta < 0$，则接受新解作当前最优解，$X_k = X_{ki}$；若 $\Delta \geq 0$，则以概率 $\exp(-\frac{\Delta}{t_k})$ 接受新解作为当前最优解。

（6）若 $i < L_k$，$i = i + 1$，转（4）。

（7）$k = k + 1$，$t_k = T(t_{k-1})$，若 $t_k < t_f$，转（3）；若 $t_k \geq t_f$，则 X_{k-1} 为所求最优解。

模拟退火算法开始计算时，由于温度 t 的取值较大，可能接受较差的恶化解，随着温度 t 的逐渐减小，只可能接受越来越好的恶化解，当 t 趋向于零时，就不再接受任何恶化解了。这样的搜索既可以避免陷入局部最优解的邻域，更有可能求得优化问题的全局最优解。

5.5.2.3 模拟退火算法的关键参数控制

A 温度初始值的设置问题

温度初始值 t_0 设置是影响模拟退火算法全局搜索性能的重要因素之一。初始温度高，则搜索到全局最优解的可能性大，但要花费大量的计算时间；反之，则可节约计算时间，但全局搜索性能可能受到影响。实际应用过程中，初始温度一般需要依据实验结果进行若干次调整。如取 $r_0 = 0.8$，再不断增大 t 值，得到相应的接受率 r，当 $r > r_0$ 时，对应的 t 作

为 t_0；或者也可取 $t_0 = \dfrac{\overline{\Delta f^+}}{\ln r_0^{-1}}$，$\overline{\Delta f^+}$ 是估计的目标函数增量值上限。

B　温度的控制

（1）终止温度 t_f 可以直接选取为某个充分小的正数，也可以确定一个终止接受率 r_f，当计算进程的当前接受率 $r_k < r_f$ 时，终止算法。

（2）温度更新函数通常选取为：

$$t_{k+1} = \alpha t_k \tag{5-31}$$

其中，α 为略小于 1.00 的常数；也可以将 $[0, t_0]$ 划分为 k 个小区间，取温度更新函数为：

$$t_k = \frac{K - k}{K} t_0 \qquad k = 1, 2, \cdots, K \tag{5-32}$$

C　L_k 的选取

为使模拟退火算法最终解的质量得到保证，需要建立 L_k 与 n 之间的关系。通常选取 L_k 为决策变量维度 n 的一个多项式函数，如取 $L_k = n$，或者 $L_k = 100n$ 等。

[**例 5-12**] 设有 n 座城市和距离矩阵 $D = \{d_{ij}\}$，其中 d_{ij} 表示城市 i 到城市 j 的距离，$i, j = 1, 2, \cdots, n$，求访遍每一城市恰好一次的回路，使其路程最短（该问题也称为旅行商问题）。

用模拟退火算法解旅行商问题的基本要素如下：

（1）解空间。解空间 $S = \{(x_1, x_2, \cdots, x_n) | (x_1, x_2, \cdots, x_n)$ 为 $(1, 2, \cdots, n)$ 的任一排列$\}$，每一排列表示遍访 n 个城市的一条回路，$x_{n+1} = x_1$，初始解选取为 $(1, 2, \cdots, n)$。

（2）目标函数。目标函数为访遍所有城市的路径长度，即取：

$$f(x_1, x_2, \cdots, x_n) = \sum_{i=1}^{n} d_{x_i x_{i+1}} \tag{5-33}$$

其中 $x_{n+1} = x_1$。

（3）新解的产生。新解可以由当前解任意交换两座城市的访问顺序得到，即任选序号 u、v（$u < v \leqslant n$）将解 $(x_1, x_2, \cdots, x_n)$ 变为 $(x_1, \cdots, x_{u-1}, x_v, x_{v-1}, \cdots, x_{u+1}, x_u, \cdots, x_n)$。

（4）目标函数增量的计算。由于距离矩阵 $\boldsymbol{D} = \{d_{ij}\}$ 为对称矩阵，即 $d_{ij} = d_{ji}$，则目标函数的增量为：

$$\Delta f = (d_{x_{u-1} x_v} + d_{x_u x_{v+1}}) - (d_{x_{u-1} x_u} + d_{x_v x_{v+1}})$$

在计算过程中，若 $\Delta f < 0$，则接受新解；若 $\Delta f > 0$，则用随机数发生器产生一个 $[0, 1]$ 之间的数 ξ，并计算 $r = \exp\left(\dfrac{-\Delta f}{t}\right)$，当 $r > \xi$ 时，接受新解，否则解不变。

模拟退火算法作为一种通用的随机搜索算法，已广泛用于大规模集成电路的全局布线、布板的优化设计，以及图像处理等方面。

5.5.3　粒子群算法

粒子群算法是 1995 年由 Kennedy 和 Eberhart 等人开发的一种启发式优化算法，它是模拟鸟群觅食行为来设计的。假设在这个区域里有一块食物，所有的鸟都不知道食物的具体位置在哪里，但是鸟群在觅食过程中对所经历过的地方，知道哪些位置离食物更近（即鸟群通过各种感觉器官能获取食物的位置信息，并能相互协作及信息共享），那么鸟群会怎样来找食物呢？显然鸟群应该飞向离食物最近的鸟的周围区域。

粒子群算法是从一组随机初始解出发，再通过迭代运算来寻找最优解。在粒子群算法中，把鸟群抽象为粒子群，并将鸟群觅食的空间拓展为 R^n。粒子 $i(i = 1, 2, \cdots, m)$ 在 R^n 中的位置用向量 $X_i = (x_{i1}, x_{i2}, \cdots, x_{in})$ 表示，飞行速度表示为 $v_i = (v_{i1}, v_{i2}, \cdots, v_{in})$。位置好坏是由对应的目标函数值 $f(x_{i1}, x_{i2}, \cdots, x_{in})$ 的大小来评价。粒子 i 知道到目前为止发现的最好位置，即个体找到的最优解 $pbest_i$，同时粒子 i 还知道到目前为止粒子群体发现的最好位置，即群体找到的最优解 $gbest$。接下来，粒子 i 通过对 $pbest_i$ 及 $gbest$ 的把握，使用以下公式来调整下一步的速度与位置。

$$V_i = wV_i + c_1\text{rand}(\,)(pbest_i - X_i) + c_2\text{rand}(\,)(gbesd - X_i) \tag{5-34}$$

$$X_i = X_i + V_i \qquad (i = 1, 2, \cdots, m) \tag{5-35}$$

式中　w ——惯性因子，$(w > 0)$；

rand（）——$[0, 1]$ 中的随机数；

c_1，c_2 ——学习因子，通常取 $c_1 = c_2 = 2$。

在速度更新式（5-34）中，第一部分表示粒子先前的速度；第二部分表示粒子吸取自身实践经验对速度的调整；第三部分表示粒子吸取群体中最好的经验对速度的调整，即粒子是通过综合自己的经验和同伴中最好的经验来决定下一步的运动。当 $c_1 = 0$ 时，表示粒子没有了自我认知能力；当 $c_2 = 0$ 时，表示粒子之间没有协作与信息共享。

惯性因子 w 较大时，具有较强的全局搜索能力；w 较小时，具有较强的局部搜索能力。c_1 和 c_2 代表将每个粒子推向 $pbest_i$ 和 $gbest$ 位置的统计意义下的权值（或步长）。较低的值表示粒子慢速推向 $pbest_i$ 和 $gbest$，较高的值表示粒子突然地冲向或越过目标区域。

粒子群算法的解题步骤：

（1）粒子群（粒子个数为 m）初始化，即随机选取位置向量 X_i 和速度向量 V_i，其中 $i = 1, 2, \cdots, m$。

（2）计算每一粒子在目前位置的目标函数值 $f(x_{i1}, x_{i2}, \cdots, x_{in})$，找出个体发现的最好位置 $pbest_i$ 及群体发现的最好位置 $gbest$。

（3）根据公式（5-34）和式（5-35）调整粒子的速度和位置。

（4）计算每一粒子的目标函数值 $f(x_{i1}, x_{i2}, \cdots, x_{in})$，将 $f(x_{i1}, x_{i2}, \cdots, x_{in})$ 与其经过的最好位置 $pbest_i$ 的目标函数值进行比较，如果更优，则将 X_i 作为个体发现的最好位置 $pbest_i$。

（5）对每个粒子，将 $f(x_{i1}, x_{i2}, \cdots, x_{in})$ 与群体发现的最好位置 $gbest$ 的目标函数值做比较，如果更优，则将 X_i 作为当前群体发现的最好位置 $gbest$。

（6）满足终止条件时迭代计算停止；否则转（3）。

根据具体问题，迭代终止条件一般选取为达到最大迭代次数 G_{max}，或者选取为当目标函数值的增量小于给定的阈值。

搜索过程中要求粒子的速度 $V_i \leqslant V_{max}(i = 1, 2, \cdots, m)$，即 $V_{ij} \leqslant V_{maxj}(j = 1, 2, \cdots, n)$，并取 $V_{maxj} \leqslant x_{maxj}$，其中 $x_{ij} \in [-x_{maxj}, x_{maxj}]$。如果速度太快，则粒子有可能越过最优解；速度太慢，则容易陷入局部最优解区域。

习　题

5-1　写出用 Fibonacci 法求解一元单峰函数最优值的计算程序。

5-2　用最速下降法求解下列无约束最优化问题，其中 $X^0 = [2\ \ 2]^T$，要求进行两次迭代运算：

$$\min f(x_1,\ x_2) = x_1^2 + 4x_2^2$$

5-3　用罚函数法求解下列最优化问题：

$$\min f(x_1,\ x_2) = x_1^2 + x_2^2$$

$$\text{s. t}\quad \begin{array}{l} g_1(x_1,\ x_2) = 3x_1 + 2x_2 - 6 \geqslant 0 \\ x_1 \geqslant 0,\ x_2 \geqslant 0 \end{array}$$

5-4　举一个多目标最优化问题的实例，并回答什么称为多目标问题的解。

5-5　假设某种货物每月初的存储量为 $S_i(i = 1, 2, \cdots, 12)$，$x_i$ 为每月初的订货量（假设订货与货物到达之间无时间耽搁），该货物每月的需求量为 ξ_i，单位货物每月的存储费用为 h，单位货物缺货损失为 q，试建立随机最优化模型。

5-6　传统优化算法与现代优化算法的区别是什么？

5-7　简述遗传算法的主要步骤。

5-8　用遗传算法解下列最优化问题：

$$\max f(x) = x_1^2 + x_2^2$$

其中，x_1，x_2 为 0~31 的整数。

5-9　用模拟退火算法求解背包问题：给定一个可装质量为 M 的背包及 n 件物品 i 的质量和价值分别为 w_i 和 c_i，$i = 1, 2, \cdots, n$，要选若干件物品装入背包，使其价值之和为最大。

5-10　用粒子群算法解下列最优化问题：

$$\min f(x_1,\ x_2) = (1 - x_1)^2 + 10(x_2 - x_1^2)^2$$

$$x_1,\ x_2 \in (-30, 30)$$

5-11　简述遗传算法、模拟退火算法与粒子群算法的特点。

6 系统决策

6.1 系统决策概述

6.1.1 决策概念与发展趋势

决策是人们为解决问题出主意、做决定的过程。它往往是一个复杂的思维过程，是进行信息搜集、加工，最后做出判断、得出结论的过程。系统决策是为了实现特定的系统目标，在掌握一定信息和经验的基础上，使用一定的技术和方法，对影响目标实现的诸因素进行分析、提出解决问题的方案，对各种结果进行估算，计算出各种比较指标，得出优选次序，对未来要采取的措施做出决定。

在人们的日常生活、企业的生产经营及社会团体和政府部门的各种活动中都会遇到许多需要进行决策的问题，例如政府对产业进行布局、投资者选择投资项目、企业制定生产计划及制定设备维护策略等。做出好的策略会获得好的结果，不好的策略会造成巨大的损失。当然，对任何活动进行决策都希望以最小的代价获得最大的利益。

著名学者西蒙认为：管理就是决策。狭义的决策是指从多种可能方案中做出选择；广义的决策还包括做出最终选择前所进行的一切思维活动。

在决策理论产生以前，人们主要通过经验对所从事的活动做决策。随着科学技术的发展，人们所掌握的决策资料、决策理论及决策工具都发生了重大变化：一是在信息技术飞速发展的条件下，决策者能更加全面、准确、及时地掌握决策信息；二是随着各领域知识及决策科学的发展，决策者通过掌握决策对象及决策环境的变化发展规律，进一步提高了对事物发展趋势、发展水平及发展速度的预测能力；三是决策者现在已经可以利用计算机、计算机网络及决策支持系统等软硬件进行在线实时的数据分析与决策。随着系统工程理论与实践的不断发展，人们对系统性事物的分析、评价、预测与决策水平在不断提高，使得管理决策工作朝着科学、民主、专业化与制度化方向发展，而生产与生活领域的决策也在朝着智能化方向发展。

6.1.2 决策的基本要素及分类

决策的基本要素包括：决策者、决策对象、决策信息、决策目标、决策环境及决策理论与工具。其中，决策者、决策对象及决策信息是决策的基本要素。

6.1.2.1 决策者

决策者是决策过程的主体，是决策中最基本的要素。对于一个企业来说，决策者处在组织的中心，是系统中积极、能动的关键因素，是决策系统的驾驭者和操纵者。对于许多复杂的系统决策问题，由于决策者可能不熟悉决策科学的具体技术方法，而需要委托专家或专业咨询机构进行诊断、分析，并提出解决问题的方案。此时，专家或专业咨询机构虽然参与了决策过程，但只能作为决策研究人员，不是真正的决策者，决策者是采用与实施决策方案的利益代表的主体。

按决策者分类，决策分为个人决策和群体决策。个人决策是指按照个人的知识、经验、意志和判断力单独进行的决策，个人决策一般应用于日常事务中，具有迅速、简便的特点；群体决策是指针对重大事务或复杂系统的决策，由于这些系统涉及的费用大、目标多，又具有不确定性及动态性等特点，个人的能力难以达到做出科学决策的要求，这就需要倾听多方面意见，汇聚集体的智慧，进行群体决策。群体决策是处理重大工程问题的主要决策形式。

个人决策和群体决策在决策的时间、速度、质量、成本、决策程序等各方面各有利弊。在实际决策过程中，采取哪种方式决策取决于问题的类型、性质、信息掌握程度、决策者的经验与知识水平等多种因素。

6.1.2.2 决策对象

决策对象是指决策者可以控制的、能够对其施加影响的系统，即决策者将要建造、改善、控制或管理的各种系统。按决策对象分类，可分为政治决策、经济决策、军事决策、文化与教育决策等，其中经济决策又分为宏观经济决策与微观经济决策，微观经济决策是指企业及企业以下规模的决策。

6.1.2.3 决策信息

决策信息是决策者对决策对象的认识，它包括决策对象及决策环境等方面的信息。决策信息决定了决策的有效性及决策的质量。许多决策失误往往就是由于对信息的掌握不及时或不到位，因此要提高决策的质量就要尽量全面、准确、及时地搜集相关信息，并加以鉴别、整理、分析与处理。决策过程中的各环节都需要相应的信息支持，决策过程本质上就是一个信息收集与处理的过程。按决策信息分类，可以将决策分为：任意决策、确定性决策、非确定性决策。

任意决策：由于可利用的信息极少，方案之间难分伯仲，没时间或没必要进行分析的情况下，就可能采用任意决策，如通过抽签、摇号等方式来进行方案选择。

确定性决策：信息掌握充分，决策对象是确定性系统，结局是唯一的。确定性的系统优化问题就是要作确定性的决策。

非确定性决策：信息掌握不完全，决策环境具有不确定性，结局是非唯一的，也可以把任意决策与确定性决策看成是非确定性决策的特例。

6.1.2.4 决策目标

决策目标是决策中的重要内容，不明确的目标会使活动失去方向，错误的目标会造成不良后果，不可行的目标会使工作半途而废，因此确定切实、可行的目标是决策的关键。

按决策目标的多少分类，可以将决策分为单目标决策与多目标决策。

按决策目标涉及的范围和影响程度不同，可以将决策分为全局目标（战略）决策与局部目标（战术）决策。全局目标与局部目标密不可分，相辅相成。当局部目标和全局目标发生冲突时，局部目标必须服从全局目标。

按目标涉及的时间分类，可以将决策分为长期决策和短期决策。

6.1.2.5 决策环境

决策环境是指影响决策产生、存在和发展的一切因素的总和。一个决策是否正确，能否顺利实施，它的影响效果如何，不仅取决于决策者和决策方案，而且直接取决于决策所处的环境和条件。影响决策的环境因素包括社会环境、经济环境、法律环境、科技环境、文化环境、自然环境、市场环境、组织文化、过去的决策、决策者个人因素以及时间因素等。按决策环境分类，决策分为竞争环境决策与敌对环境决策；按决策时间因素的不同分为紧迫环境决策与从容环境决策。

6.1.2.6 决策理论

决策理论的代表有：古典决策理论、行为决策理论与当代决策理论。

（1）古典决策理论认为，决策者的决策过程是完全理性的，认为决策者有办法获得并处理与决策有关的所有信息，了解每个备选方案的结果，决策者总是选择能够产生最大利润的备选方案，所有的决策者都用相同的方式处理信息，并做出相同的决策。

（2）行为决策理论认为，决策者的决策过程不是完全理性的，由于受决策时间和可利用资源的限制，决策者选择的理性是相对的，在风险型决策中倾向于接受风险较小的方案；并认为在现实中要找到最优的决策方案是非常困难的，因此通常追求获得满意结果的决策。

（3）现代决策理论认为，决策是指在一定的环境条件下，决策者为了实现特定目标，遵循决策的原理与原则，借助科学方法和工具，从可行方案中选择满意方案，并加以实施的过程。它既包括提出问题、确定目标、制定可行方案和选择满意方案，又包括方案实施的过程。

6.2 确定型决策

对决策信息充分，系统实施后结局唯一的问题所做的决策称为确定型决策。确定型决策的模型中不含随机变量，如选址问题、运输问题、生产计划问题等。在实际问题中，由于决策环境与决策信息的不确定性，绝大多数的决策问题都不是确定型决策问题，但是为了提高决策效率，或者为了使决策模型便于求解计算，往往把一些变量用常数（如随机变量用其均值）代替，将决策问题简化为确定型决策问题。例如线性规划、非线性规划、多目标规划、动态规划等问题都属于确定型决策问题。在对投资项目进行决策时，如果不同方案的结果都是确定的，则属于确定型决策。

[**例 6-1**] 设某企业需要投资购买两套设备，有 A、B 两个方案可供选择，A 方案设备购置费 120 万元，年使用费用 25 万元；B 方案设备购置费 80 万元，年使用费用 36 万元。假设设备的使用年限均为 8 年，最后的残值均为零，且两方案的收益相同，比较两方案的优劣。

解：（1）如果不考虑资金的时间价值（即不考虑利息），则：

$$方案 A 的总费用 = 120 + 8 \times 25 = 320（万元）$$
$$方案 B 的总费用 = 80 + 8 \times 36 = 368（万元）$$

结果表明，方案 A 优于方案 B。

（2）如果考虑资金的时间价值，假设年利率 $i = 10\%$，则：

$$方案 A 的总费用 = 120 + 25 \times (\frac{P}{A}, 0.1, 8) = 120 + 25 \times 5.335 = 253（万元）$$

方案 B 的总费用 $= 80 + 36 \times \left(\dfrac{P}{A}, 0.1, 8\right) = 80 + 36 \times 5.335 = 272$（万元）

式中 $\left(\dfrac{P}{A}, 0.1, 8\right)$——年金现值公式，$(P/A, 0.1, 8) = \dfrac{(1-i)^n - 1}{i(1-i)^n}$

         P——现值；

         A——年值；

         n——设备使用年限。结果表明，仍是方案 A 更优。

6.3 风险型决策

对于决策环境不确定，结局非唯一且每种结局发生概率已知的决策称为风险型决策，也称为随机型决策。对各种结局发生概率的估计主要来自以往的经验或对历史资料的统计。风险型决策的决策方法主要有以下两种。

6.3.1 期望损益决策法

期望损益决策法是以各方案期望损益值的大小作为选择方案的准则。期望损益值法需要计算每一方案的期望损益值，选择期望收益值最大的方案或期望损失值最小的方案。每个方案的期望损益值为：

$$E(A_i) = \sum_{j=1}^{m} P(\omega_j) w_{ij}$$

式中 A_i $(i=1, 2, \cdots, n)$——第 i 种方案；

         $E(A_i)$——该方案期望损益值；

         $P(\omega_j)$——出现第 j 种结果的概率；

         w_{ij}——第 i 种方案出现第 j 种结果时的损益值。

[例 6-2] 某企业投资生产某新产品，有三种方案可供选择：（1）购买设备 A_1；（2）购买设备 A_2；（3）购买设备 A_3。根据以往的资料分析，新产品上市后，各方案在畅销（ω_1）、一般（ω_2）、滞销（ω_3）三种情况下的收益见表 6-1。三种市场情况发生的概率分别为：$P(\omega_1) = 0.3$，$P(\omega_2) = 0.4$，$P(\omega_3) = 0.3$，应选择哪一投资方案？

表 6-1   各方案收益   （万元）

方案	ω_1	ω_2	ω_3
A_1	2500	800	−200
A_2	1700	600	200
A_3	800	400	200

解：计算得到

$$E(A_1) = \sum_{j=1}^{3} P(\omega_j) w_{1j} = 1010(万元)$$

$$E(A_2) = 810(万元)$$

$$E(A_3) = 460(万元)$$

因此，按照期望收益值准则，应选方案 A_1。

当两方案的期望损益值相等时，需进一步计算损益值的方差。通过对方差的比较，来确定方案的优劣。

6.3.2　期望效用决策法

通过计算方案的期望收益值来选择方案时，没有考虑决策者对风险的偏好及经济承受能力。期望效用值法是以方案的期望效用值大小来作为选择方案的准则。通过对不同方案的期望效用值的比较，选择期望效用值最大的方案。效用是决策者对风险情况下方案价值的度量，规定最理想事件的效用值 $U(\bar{x}) = 1$，最不希望事件的效用值 $U(\underline{x}) = 0$，其他事件的效用值 $U(x) \in (0, 1)$。通常，决策分析人员要与决策者进行对话测试，获得其他收益值对应的效用值，再计算各方案的期望效用值，最后进行方案选择，下面举例说明。

[例 6-3]　某厂有两种投资方案，其收益情况见表 6-2。

表 6-2　各方案收益表　　　　　　　　　　　　　（万元）

方案	好 ($P(\omega_1) = 0.2$)	中 ($P(\omega_2) = 0.5$)	差 ($P(\omega_3) = 0.3$)
A_1	10	8	−1
A_2	8	6	1

若通过与决策者对话，得到其他事件的效用值：

（1）以 0.9 的概率获 10 万元和以 0.1 的概率获−1 万元与稳获 8 万元等效；

（2）以 0.8 的概率获 10 万元和以 0.2 的概率获−1 万元与稳获 6 万元等效；

（3）以 0.25 的概率获 10 万元和以 0.75 的概率获−1 万元与稳获 1 万元等效。

试确定方案的优劣。

解：由于 $U(10) = 1$，$U(-1) = 0$

$$U(8) = 0.9 \times U(10) + 0.1 \times U(-1) = 0.9 \times 1 + 0.1 \times 0 = 0.9$$

$$U(6) = 0.8 \times U(10) + 0.2 \times U(-1) = 0.8 \times 1 + 0.2 \times 0 = 0.8$$

$$U(1) = 0.25 \times U(10) + 0.75 \times U(-1) = 0.25 \times 1 + 0.75 \times 0 = 0.25$$

方案 A_1 的期望效用值：$U(A_1) = 0.2 \times 1 + 0.5 \times 0.9 + 0.3 \times 0 = 0.65$

方案 A_2 的期望效用值：$U(A_2) = 0.2 \times 0.9 + 0.5 \times 0.8 + 0.3 \times 0.25 = 0.655$

因此，根据决策者的效应观念，应选方案 A_2。由于选择方案 A_2 比选择 A_1 的风险更小，表明决策者属于保守型。但是，该决策问题如果采用期望收益决策法，由于

$$E(A_1) = \sum_{j=1}^{3} P(\omega_j)w_{1j} = 0.2 \times 10 + 0.5 \times 8 + 0.3 \times (-1) = 5.7$$

$$E(A_2) = 0.2 \times 8 + 0.5 \times 6 + 0.3 \times (1) = 4.9$$

因此，应选择方案 A_1。

6.4　不确定型决策

不确定型决策与风险型决策相似，不同的是不确定型决策无法确定各种结局发生的概率。决策者一般根据经验或心态来进行决策。对于同一不确定型决策问题，不同的决策者

可能采用不同的决策方法，这些方法包括等可能准则决策、后悔值准则决策、悲观准则决策、乐观准则决策、折中准则决策。

6.4.1 等可能准则决策

等可能准则是假定各种结局发生的概率相同，通过比较每个方案的期望损益值来进行方案的选择。在收益最大化问题中，选择期望收益最大的方案，在损失最小化问题中，选择期望损失最小的方案。

[**例6-4**] 设某企业新产品的投资方案有 A_1、A_2、A_3 和 A_4 四种，投产后产品的销售状况为好、一般、差三种，各方案在三种销售状况下的收益值见表6-3。

表6-3 各方案的收益 （万元）

方案	销售状况好 ω_1	销售状况中 ω_2	销售状况差 ω_3	期望收益值 $E(A_i)$
A_1	400	700	500	533
A_2	800	500	400	567
A_3	500	600	400	500
A_4	500	600	600	567

解：由等可能准则，$P(\omega_j) = \dfrac{1}{3}$，$(j = 1，2，\cdots，3)$，而期望收益值分别为：

$$E(A_1) = 533（万元）$$
$$E(A_2) = 567（万元）$$
$$E(A_3) = 500（万元）$$
$$E(A_4) = 567（万元）$$

因此，A_2 与 A_4 都是最优方案。

6.4.2 后悔值准则决策

如果将各方案在同一结局下的最大收益值作为理想值，则将理想值与各方案的收益值之差作为选择该方案的后悔值。按后悔值准则进行决策时需要先求出每一方案在不同结局下的最大后悔值，再以最大后悔值最小的方案为优选方案。

对于例 [6-4]，由表6-3求出后悔值见表6-4，用 $R(A_i)(i = 1，\cdots，4)$ 表示各方案的最大后悔值，则最佳方案为 A_2。

表6-4 各方案后悔值 （万元）

方案	销售状况好 ω_1	销售状况中 ω_2	销售状况差 ω_3	$R(A_i)$
A_1	400	0	100	400
A_2	0	200	200	200
A_3	300	100	200	300
A_4	300	100	0	300

6.4.3 悲观准则决策

悲观准则决策是先求出每一方案在不同结局下的最小收益值，然后从各方案最小收益值中选出最大者对应的方案为最优方案。

对于例 [6-4]，各方案的最小收益值为：

$$w_{min}^1 = w_{min}^2 = w_{min}^3 = 400 （万元）$$
$$w_{min}^4 = 500（万元）$$

因此，最优方案为 A_4。

6.4.4 乐观准则决策

乐观准则决策是先求出每一方案在不同结局下的最大收益值，然后从各方案最大收益值中选出最大者对应的方案为最优方案。

对于例 [6-4]，各方案的最大收益值分别为：

$$w_{max}^1 = 700（万元），w_{max}^2 = 800（万元）$$
$$w_{max}^3 = w_{max}^4 = 600（万元）$$

因此，最佳方案为 A_2。

6.4.5 折中准则决策

折中准则决策是在乐观与悲观之间取一折中系数 α，其中 $\alpha \in [0, 1]$，$\alpha = 1$ 表示乐观，$\alpha = 0$ 表示悲观，定义各方案的折中收益值为：

$$w_i = \alpha w_{max}^i + (1 - \alpha) w_{min}^i$$

对于例 [6-4]，假设取 $\alpha = 0.4$，则各方案的折中收益值为：

$$w_1 = \alpha w_{max}^1 + (1 - \alpha) w_{min}^1 = 0.4 \times 700 + 0.6 \times 400 = 520（万元）$$
$$w_2 = 560（万元）$$
$$w_3 = 480（万元）$$
$$w_4 = 540（万元）$$

因此，最佳方案为 A_2。

假设取 $\alpha = 0.2$，则各方案的折中收益值分别为：

$$w_1 = 460（万元）$$
$$w_2 = 480（万元）$$
$$w_3 = 440（万元）$$
$$w_4 = 520（万元）$$

因此，最佳方案为 A_4。

对于同一不确定性决策问题，按不同决策准则进行决策，最佳方案可能不一致，这主要是决策者的心态会影响决策方法的选择。因此在实际运用中，应根据具体问题，认真、谨慎、理性决策，尽量减少决策不当造成的损失。

6.5　层次分析法

层次分析法是美国运筹学家匹茨堡大学教授萨蒂于 20 世纪 70 年代初提出的，它是一种定性和定量相结合的层次化分析与决策方法，所要解决的问题属于多目标的决策问题。应用层次分析法进行分析决策的基本步骤分为：建立系统的层次结构模型，构造判断矩阵，进行层次单排序，求出总排序。

6.5.1　建立系统的层次结构模型

层次分析法将决策问题的总目标分解成各因素、各个因素再按不同属性自上而下地继续分解成若干层次，同一层次的诸因素从属于上一层次的各因素，同时又支配下一层次的因素或受到下一层次因素的作用。最上层为目标层，通常只有 1 个因素，最下层通常由方案组成，也称为方案层，中间可以有一个或几个层次，称为准则层。

[例 6-5] 设某厂拟增添一台新设备，希望设备功能强、价格低、维修容易。现在有 A、B、C 三台设备供选择，即有方案 P_1，P_2，P_3，该问题的层次结构模型如图 6-1 所示。

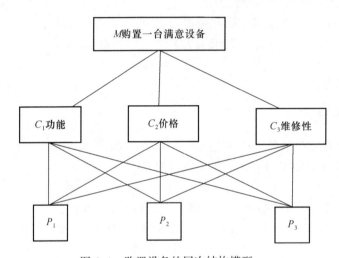

图 6-1　购置设备的层次结构模型

假设三台设备的大致情况如下：

（1）A 的性能较好、价格一般、维护需要一般水平。

（2）B 的性能最好、价格贵、维护需要一般水平。

（3）C 的性能差、价格便宜、容易维护。

问应选哪一台设备？

6.5.2　构造判断矩阵

判断矩阵是针对上一层的某一因素，下一层所有 n 个因素两两重要性相比较，得到比例标度 $a_{ij}(i, j = 1, 2, \cdots, n)$，则称 (a_{ij}) 为判断矩阵。在比较矩阵中，a_{ij} 按下述标度进行赋值：

（1）$a_{ij} = 1$，因素 i 与因素 j 对上一层次因素的重要性相同。

（2）$a_{ij} = 3$，因素 i 比因素 j 略重要。

（3）$a_{ij} = 5$，因素 i 比因素 j 重要。

（4）$a_{ij} = 7$，因素 i 比因素 j 重要得多。

（5）$a_{ij} = 9$，因素 i 比因素 j 极其重要。

也可取 $a_{ij} = 2$，4，6，8，同时，判断矩阵的因素比较有如下性质：

$$a_{ji} = \frac{1}{a_{ij}}, \quad a_{ii} = 1, \quad a_{ij} > 0$$

假设对准则 C_1 来说，判断矩阵见表6-5。

表6-5 C_1 的判断矩阵

C_1	P_1	P_2	P_3
P_1	1	1/4	2
P_2	4	1	8
P_3	1/2	1/8	1

表中 $a_{12} = \frac{1}{4}$ 表示设备 A 的功能比设备 B 功能强的 $\frac{1}{4}$ 倍。

对于准则 C_2，判断矩阵见表6-6。

表6-6 C_2 的判断矩阵

C_2	P_1	P_2	P_3
P_1	1	4	1/3
P_2	1/4	1	1/8
P_3	3	8	1

表中 $a_{12} = 4$ 表示设备 A 的价格比设备 B 价格低4倍。

对于准则 C_3，判断矩阵见表6-7。

表6-7 C_3 的判断矩阵

C_3	P_1	P_2	P_3
P_1	1	1	1/3
P_2	1	1	1/5
P_3	3	5	1

6.5.3 进行层次单排序

层次单排序是指本层所有要素对上层某一要素排出优劣次序，可以使用求和法或归一求和法等方法。

（1）求和法：

1）把判断矩阵每行相加。

2）将相加结果归一化。

（2）归一求和法：

1）把判断矩阵每列归一化。

2）将归一化的矩阵按行相加。

3）将相加结果再归一化。

对于表 6-5，用归一求和法进行层次单排序，各列之和为 5.5，1.375，11，归一化后的结果见表 6-8，再按行相加并归一化后得单排序向量 W（该向量表示只考虑功能的情况下，三台设备的优劣次序）。

表 6-8 对于 C_1 的单排序

C_1	P_1	P_2	P_3	各行之和	归一化	W
P_1	0.1818	0.1818	0.1818	0.5454	0.1818	W_1
P_2	0.7272	0.7272	0.7272	2.1816	0.7272	W_2
P_3	0.0910	0.0910	0.0910	0.2730	0.0910	W_3

对于准则 C_2，同样可得：
$$W_1 = 0.2572, \quad W_2 = 0.0738, \quad W_3 = 0.6690$$
对于准则 C_3，也可得到：
$$W_1 = 0.1868, \quad W_2 = 0.1578, \quad W_3 = 0.6554$$
对于目标 M，判断矩阵见表 6-9。

表 6-9 M 的判断矩阵

M	C_1	C_2	C_3
C_1	1	5	3
C_2	1/5	1	1/3
C_3	1/3	3	1

得到各准则的单排序为：
$$C_1 = 0.6333$$
$$C_2 = 0.1035$$
$$C_3 = 0.2532$$
这一单排序表示设备功能、价格、维修性对于购买满意设备来说的重要度系数。

6.5.4 进行层次总排序

层次总排序是指最下一层的各方案相对于最上一层总目标来说的优劣次序。在例［6-5］中，即为三台设备相对于满意目标的优劣次序。用每一准则的重要度系数分别乘以各方案对该准则的排序向量，再将这些向量求和就得到总排序。总排序是对各方案的排序系数以不同准则的重要度系数为权重求得的加权平均数，即综合排序，见表 6-10。

表 6-10 P_1、P_2、P_3 对 M 的总排序

C / P	C_1 0.6333	C_2 0.1035	C_3 0.2532	总排序
P_1	0.1818	0.2572	0.1868	0.1818
P_2	0.7272	0.0738	0.1578	0.5081
P_3	0.0910	0.6690	0.6554	0.2928

计算结果表明，应该选择设备 B。

判断矩阵 A 的元素是对同一层次各因素的重要性进行两两比较而得到的相对数，由于这种比较是在两者之间进行的，没有对所有因素进行统一比较，这种比较极有可能产生前后比较的结果不一致的情况。例如判断因素 i 比因素 j 重要 3 倍，因素 j 比因素 k 重要两倍；但当因素 i 与因素 k 进行比较时，认为因素 i 比因素 j 重要 5 倍，而由前面比较的结果推测因素 i 应该比因素 j 重要六倍，这时判断矩阵的数据就出现了前后不一致的现象。如果把满足条件：

$$a_{ij} = a_{ik} a_{kj} (i, k, j = 1, 2, \cdots, n)$$

的矩阵（a_{ij}）称为一致矩阵，则从理论上说判断矩阵应为一致矩阵。然而，由于构造判断矩阵的过程是定性分析与定量分析相结合的处理过程，同时各因素的性质往往各不相同，因此得到的判断矩阵可能不是一致矩阵（见表 6-6 中的判断矩阵）。这种不一致性在一定范围内是允许的，即要求判断矩阵大体上是一致的，这就需要对判断矩阵进行一致性检验。

判断矩阵 A 的一致性检验的步骤如下：

（1）计算一致性指标 C.I.。

$$C.I. = \frac{\lambda_{\max} - n}{n - 1}$$

式中　$\lambda_{\max}$——判断矩阵 A 的最大特征根。

（2）根据判断矩阵 A 的阶数 n 查找相应的平均随机一致性指标 R.I.（见表 6-11）。

表 6-11　平均一致性指标

矩阵阶数	3	4	5	6	7	8	9	10	11
R.I. 值	0.52	0.89	1.12	1.25	1.35	1.42	1.46	1.49	1.52

计算一致性比率 C.R.。

$$C.R. = \frac{C.I.}{R.I.}$$

当 C.R. <0.1 时，则认为判定判断矩阵 A 具有满意的一致性；否则，需要对判断矩阵 A 进行调整，直至达到满意的一致性。

习　题

6-1　决策分析的基本要素是什么？

6-2　确定型决策、风险型决策及非确定型决策的区别是什么，它们分别包括哪些决策方法？

6-3　什么叫层次分析模型？简述层次分析法的步骤。

6-4　如果你打算外出旅游，有三个旅游胜地可供选择，为了选择满意的旅游目的地，试建立层次分析模型。

6-5　为什么判断矩阵要进行一致性检验？平均随机一致性指标 R.I. 的含义是什么？

6-5　系统分析、系统优化与系统决策三者的含义是什么，它们之间有什么联系？

6-6　什么叫决策支持系统？

7 图与网络

许多工程系统问题都可以用图来建立分析模型。在系统分析过程中，根据不同的研究对象（如运输系统、能源系统、通信系统等）及研究目的，在确定相应的研究目标（如时间、流量、费用、距离等）后，可以用图论方法来对系统问题进行优化分析。

系统工程是关于物理–事理–人理的系统方法论，因此需要对工程活动的效率进行分析，而用网络图来对大型工程的各项活动进行分析是进行计划控制常用的技术。

7.1 图论的产生与图的基本概念

7.1.1 图论的产生与发展

图论的产生和发展可分为三个阶段。

第一阶段是从 1736 年到 19 世纪中叶。著名数学家欧拉于 1736 年解决的哥尼斯堡七桥问题是关于图论的代表性工作。

东普鲁士的哥尼斯堡城位于普雷格尔河的两岸，河中有小岛 A 与小岛 B，于是城市被河的分支分成了四个部分，其中小岛 A 分别有两座桥和两边河岸相连，小岛 B 分别有一座桥和两边河岸相连，小岛 A 与小岛 B 也有一座桥相连，即各部分陆地通过 7 座桥彼此相通。如同德国其他城市的居民一样，该城的居民喜欢在星期日绕城散步，于是产生了这样一个问题：从四部分陆地任一块出发，按什么样的路线能做到每座桥经过一次且仅一次，然后返回出发点，这就是有名的哥尼斯堡七桥问题。

欧拉把七桥问题抽象为一笔画问题，并给出能否进行一笔画问题的判别准则是每个点（每块陆地可以抽象成一个点）进入与出发都应成对出现。由于七桥问题的每个点都不满足该条件，从而判定七桥问题的解不存在。

第二阶段是从 19 世纪中叶到 1936 年。图论主要研究一些游戏问题：迷宫问题、博弈问题、棋盘上马的行走线路问题。一些图论中的著名问题，例如四色问题（1852 年）及哈密尔顿环游世界问题（1856 年）等，在这一时期大量出现，同时也出现了以图为工具去解决其他领域中一些问题的成果。

第三阶段是 1936 年以后。1936 年匈牙利的数学家哥尼格写出了第一本图论专著《有限图与无限图的理论》，这标志着图论成为了一门独立学科。由于生产管理、军事、交通运输、计算机和通信网络等方面的大量与图相关问题的出现，有力地促进了图论的发展。电子计算机的普遍应用，使大规模问题的求解成为可能。目前图论在物理、化学、运筹学、计算机科学、电子学、信息论、控制论、网络理论、社会科学及经济管理等几乎所有学科领域都有应用。

7.1.2 图的基本概念

7.1.2.1 图与路

图是由一些点 $v_i(i=1, 2\cdots, p)$ 和将其连接在一起的一些线段 $e_i(i=1, 2, \cdots, q)$ 组成的，这些点称为顶点，这些线段称为边。如果线段上带有指示方向的箭头，就称之为弧。一个图 G 由顶点集 V 和边集 E 组成，记为 $G=(V, E)$，其中：

$$V = \{v_1, v_2, \cdots, v_p\}$$
$$E = \{e_1, e_2, \cdots, e_q\}$$

则称 G 为无向图。

如果 $A=\{e_1, e_2, \cdots, e_q\}$ 且 $e_i=(v_i, v_j) \neq (v_j, v_i)$，即 A 是 q 条弧的集合，则 $G=(V, A)$ 为有向图。

若 $G=(V, E)$，$G'=(V', E')$，且 $V' \subseteq V$，$E' \subseteq E$，则 G' 为 G 的子图。若 $V'=V$，$E' \subseteq E$，则 G' 为 G 的支撑子图。

两个顶点具有两条或两条以上的边相连称为多重边；若边的两端为同一顶点，则称其为环。无多重边且无环的图称为简单图，以下只讨论简单图。

由图 G 中 n 个顶点 $\{v_1, v_2, \cdots, v_n\}$ 与依次相连的 $n-1$ 条边组成的一个序列称为链。起点和终点为同一顶点的链称为闭合链，起点与终点不同的链称为开链，没有重复边的链称为单纯链，没有重复顶点与重复边的链称为基本链，开的基本链称为路，闭合的基本链称为回路。

任意不同的两顶点之间至少有一条路的图称为连通图，没有回路的连通图称为树，记为 $T=(V, E_T)$，与树互补的子图称为补树。树具有以下特点：

（1）树的任意两顶点之间只有一条链。

（2）不相连的两顶点相连就得到一个回路。

（3）去掉树中任何一条边，就不是连通图。

（4）n 个顶点的树，有 $n-1$ 条边。

7.1.2.2 割集

割集是在连通图中，去掉一些边后，变成不连通的两个图，而少去一条边图形又是连通的，则去掉的边集称为割集，即分开两图所去必不可少的边的集合。一个图一般有多个割集。

7.2 最短路问题

最短路问题是指网络图中从一个顶点到其他顶点走怎样的线路，使路程最短的问题，以下分两种情况来介绍求最短路的算法。

7.2.1 标号算法

从一个起点到其他顶点的最短路算法也称为标号算法。

设 $G=(V, A)$ 为有向图，每段弧 (v_i, v_j) 的长度记为 l_{ij}，若 $l_{ij}=\infty$ 表示 v_i 到 v_j 没有弧；若 $l_{ij}=0$ 表示 v_i 在该点停留。

标号算法用临时标号 $T(i)$ 表示从起点 v_1 到 v_i 的最短路长的上界；而永久性标号 $P(i)$ 表示从 v_1 到 v_i 的实际最短路长，最短路标号算法的计算步骤为：

（1）首先给定 $P(1)=0$，其余 $T(i)=\infty$（$i=2$，3，$\cdots$，n），设顶点 v_i 是刚得到 P 类标号的顶点，把与 v_i 有弧直接相连的顶点 v_j 的 T 标号改为：

$$T(j)=\min\{T(j),\ P(i)+l_{ij}\}$$

（2）在所有 T 类标号中，选取标号值最小的顶点，将 T 标号改为 P 标号，当所有顶点的 T 标号改为 P 标号时，算法终止。

[**例 7-1**] 如图 7-1 所示，求起点 V_1 到各顶点的最短路。

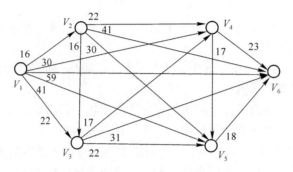

图 7-1　求最短路网络图

解：（1）$P(1)=0$，$T(2)=\cdots=T(6)=\infty$，再将与起点相连的顶点的 T 标号改为：

$$T(2)=\min\{T(2),\ P(1)+16\}=16$$

同样有 $T(3)=22$，$T(4)=30$，$T(5)=41$，$T(6)=59$。在这些 T 类标号中，选取标号值最小的顶点，将其 T 标号改为 P 标号得 $P(2)=16$。

（2）将与 v_2 点相连的其余顶点的 T 标号改为：

$$T(3)=\min\{T(3),\ P(2)+16\}=22$$

同样有 $T(4)=30$，$T(5)=41$，$T(6)=57$，在标号值最小的顶点中，将其 T 标号改为 P 标号得 $P(3)=22$。

（3）将与 v_3 点相连的其余顶点的 T 标号改为：

$$T(4)=\min\{T(4),\ P(3)+17\}=30$$

同样有 $T(5)=41$，$T(6)=53$，将 $T(4)=30$ 改为 $P(4)=30$。

（4）将与 v_4 点相连的其余顶点的 T 标号改为：

$$T(5)=\min\{T(5),\ P(4)+17\}=41$$

同样有 $T(6)=53$，将 $T(5)=41$ 改为 $P(5)=41$。

（5）将与 v_5 点相连的顶点的 T 标号改为：

$$T(6)=\min\{T(6),\ P(5)+18\}=53$$

则得到 $P(6)=53$。

标号算法的含义为：第一步求出的是离起点最近的顶点，而且离起点最近的顶点只能在一步中得到；第二步求出的是离起点第二近的顶点，而且离起点第二近的顶点只能在前两步中得到；其余步骤的含义依次类推。

7.2.2　从任一点到另外任一点的最短路算法

从任一点到另外任一点的最短路算法需要以矩阵为工具，进行矩阵的乘法与加法运算。

首先定义矩阵的乘法运算为：

$$AB = \left[a_{ij}\right]_{m \times l}\left[b_{ij}\right]_{l \times n} = \left[c_{ij}\right]_{m \times n} = C$$

$$C_{ij} = \min_{\text{非零元素}}\left\{a_{i1}b_{1j},\ a_{i2}b_{2j},\ \cdots,\ a_{il}b_{lj}\right\}$$

$a_{ik}\ b_{kj}$ 全为零时，$C_{ij} = 0$。

而 $a_{ik}b_{kj} = \begin{cases} 0\,(a_{ik} = 0\ 或\ b_{kj} = 0) \\ a_{jk} + b_{kj}(a_{jk} \neq 0\ 且\ b_{kj} \neq 0) \end{cases}$

[**例 7-2**] $A = \begin{bmatrix} 1 & 2 & 6 & 0 \end{bmatrix}$，$B = \begin{bmatrix} 0 & 3 & 1 & 0 \end{bmatrix}^{T}$，求 AB。

解：$AB = \begin{bmatrix} 1 & 2 & 6 & 0 \end{bmatrix} \times \begin{bmatrix} 0 \\ 3 \\ 1 \\ 0 \end{bmatrix} = \min_{\text{非零元素}}\{0\ \ 5\ \ 7\ \ 0\} = 5$

再定义矩阵的加法运算规则为：

$$A \oplus B = \left[a_{ij}\right]_{m \times n} + \left[b_{ij}\right]_{m \times n} = \left[c_{ij}\right]_{m \times n} = C$$

$$c_{ij} = \begin{cases} 0 & (a_{ij} = 0,\ b_{ij} = 0) \\ a_{ij} & (a_{ij} \neq 0,\ b_{ij} = 0) \\ b_{ij} & (a_{ij} = 0,\ b_{ij} \neq 0) \\ \min\{a_{ij},\ b_{ij}\} & (a_{ij} \neq 0,\ b_{in} \neq 0) \end{cases}$$

[**例 7-3**] 求图 7-2 中任一点到另外任一点的最短路算法。

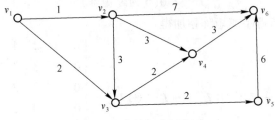

图 7-2　求最短路网络图

解：（1）构造距离矩阵 L。

距离矩阵中的元素 l_{ij} 表示从顶点 v_i 到顶点 v_j 的弧的长度，当顶点 v_i 到顶点 v_j 没有弧时，l_{ij} 取值为零，则有：

$$L = \begin{bmatrix} 0 & 1 & 2 & 0 & 0 & 0 \\ 0 & 0 & 3 & 3 & 0 & 7 \\ 0 & 0 & 0 & 2 & 2 & 0 \\ 0 & 0 & 0 & 0 & 0 & 3 \\ 0 & 0 & 0 & 0 & 0 & 6 \\ 0 & 0 & 0 & 0 & 0 & 0 \end{bmatrix}$$

（2）计算 $L^{(2)}$。

$$L^{(2)} = LL = \begin{bmatrix} 0 & 0 & 4 & 4 & 4 & 8 \\ 0 & 0 & 0 & 5 & 5 & 6 \\ 0 & 0 & 0 & 0 & 0 & 5 \\ 0 & 0 & 0 & 0 & 0 & 0 \\ 0 & 0 & 0 & 0 & 0 & 0 \\ 0 & 0 & 0 & 0 & 0 & 0 \end{bmatrix}$$

式中　$l_{ij}^{(2)}$ ——从 v_i 到 v_j 走两步的最短距离。

（3）依次计算 $L^{(3)}$，$L^{(4)}$，$L^{(5)}$。

$$L^{(3)} = L^{(2)}L = \begin{bmatrix} 0 & 0 & 0 & 6 & 6 & 7 \\ 0 & 0 & 0 & 0 & 0 & 8 \\ 0 & 0 & 0 & 0 & 0 & 0 \\ 0 & 0 & 0 & 0 & 0 & 0 \\ 0 & 0 & 0 & 0 & 0 & 0 \\ 0 & 0 & 0 & 0 & 0 & 0 \end{bmatrix}$$

式中　$l_{ij}^{(3)}$ ——从 v_i 到 v_j 走三步的最短距离：

$$L^{(4)} = L^{(3)}L = \begin{bmatrix} 0 & 0 & 0 & 0 & 0 & 9 \\ 0 & 0 & 0 & 0 & 0 & 0 \\ 0 & 0 & 0 & 0 & 0 & 0 \\ 0 & 0 & 0 & 0 & 0 & 0 \\ 0 & 0 & 0 & 0 & 0 & 0 \\ 0 & 0 & 0 & 0 & 0 & 0 \end{bmatrix}$$

$$L^{(5)} = 0（\mathbf{0} \text{ 为零矩阵}）$$

（4）将以上各步所得距离矩阵相加得：

$$L_{\min} = L \oplus L^{(2)} \oplus L^{(3)} \oplus L^{(4)} \oplus L^{(5)} = \begin{bmatrix} 0 & 1 & 2 & 4 & 4 & 7 \\ 0 & 0 & 3 & 3 & 5 & 6 \\ 0 & 0 & 0 & 2 & 2 & 5 \\ 0 & 0 & 0 & 0 & 0 & 3 \\ 0 & 0 & 0 & 0 & 0 & 6 \\ 0 & 0 & 0 & 0 & 0 & 0 \end{bmatrix}$$

式中　$l_{ij}\min$ ——从 v_i 到 v_j 的最短距离。

7.3　网络最大流

许多工程系统都涉及流量问题，例如客运系统的人员流量、货运系统的物流量、供水系统的水流量及供气系统的气体流量等。网络中每一条弧都有最大允许流量，也称为容量 c，而实际的流量 f 必须小于或等于容量 c。确定每条弧的流量，使整个网络流量最大的问题称为最大流问题。

7.3.1 可行流与最大流

在图 7-3 的管道网络中，弧（v_i，v_j）旁边的数字为该弧的容量 c_{ij}，问怎样安排每条弧的流量 f_{ij}，才能使从起点 v_1 到终点 v_6 的流量最大。

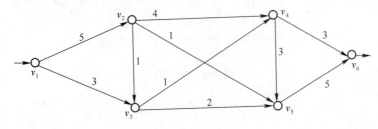

图 7-3 管道网络

容易得到以下线性规划问题（即最大流问题等价于一个线性规划问题）：

$$\max(f_{12} + f_{13})$$

$$\text{s. t.} \begin{cases} f_{12} + f_{13} - f_{46} - f_{56} = 0 \\ f_{12} - f_{23} - f_{24} - f_{25} = 0 \\ f_{13} + f_{23} - f_{34} - f_{35} = 0 \\ f_{24} + f_{34} - f_{45} - f_{46} = 0 \\ f_{25} + f_{35} + f_{45} - f_{56} = 0 \end{cases}$$

同时还应满足：$f_{12} < 5$，$f_{13} < 3$，$f_{23} < 1$，$f_{24} < 4$，$f_{25} < 1$，$f_{34} < 1$，$f_{35} < 2$，$f_{45} < 3$，$f_{46} < 3$，$f_{56} < 5$。

对于这一线性规划问题，需要加入多个人工变量后才能将模型转化为标准型，因此不易求解。

将以上问题归纳成一般的网络流问题，求网络最大流（即净流出或净流入最大），要求满足：

（1）起点的净流出等于终点的净流入。

（2）中间各节点的流出等于流入。

（3）每一弧的流量不能超过容量。

对有多个起点和多个终点的网络流，可以另外虚设一个总发点和一个总收点，并将它们分别与各起点及各终点连起来，将该问题转换为只含一个总发点和一个总收点的网络流问题。

7.3.2 最大流——最小割定理

将容量网络的一些弧去掉后，使连通图的起点和终点分属于两个子图，则这些弧的集合称为割集。组成割集的各弧容量之和称为割集容量。如图 7-4 所示，容量网络的割集有很多，其中割集容量最小的称为网络的最小割集容量。

最大流——最小割定理 在任一容量网络中，从起点 v_1 到终点 v_6 的最大流量等于该网络的最小割集容量。

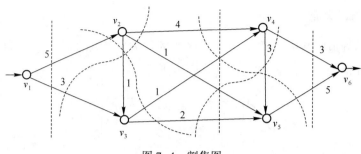

图 7-4 割集图

7.3.3 最大流算法

在网络的可行流 $\{f_{ij}\}$ 中，$f_{ij} = c_{ij}$ 的弧称为饱和弧，$f_{ij} < c_{ij}$ 的弧称为非饱和弧。设 $\{f_{ij}\}$ 是可行流，若 μ 是从起点 v_s 到终点 v_T 的一条链，把该链上弧的方向与链的走向一致的弧称为前向弧，前向弧的集合记为 μ^+；把该链上弧的方向与链的走向相反的弧称为反向弧，反向弧的集合记为 μ^-。把满足下列条件的链 μ 称为增广链。

（1）如果 $(v_i, v_j) \in \mu^+$，则 $0 \leqslant f_{ij} < c_{ij}$。

（2）如果 $(v_i, v_j) \in \mu^-$，则 $0 < f_{ij} \leqslant c_{ij}$。

网络最大流算法步骤：

（1）选取容量网络的一个初始可行流 $\{f_{ij}\}$（如取 $\{f_{ij}\}$ 为零流），找出增广链 μ，则只要选取：

$$\Delta = \min[c_{ij} - f_{ij}(弧(v_i, v_j) \text{ 属于前向弧}), f_{ij}(弧(v_i, v_j) \text{ 属于反向弧})] \qquad (7\text{-}1)$$

使得

$$f'_{ij} = \begin{cases} f_{ij} + \Delta(v_i, v_j) \in \mu^+ \\ f_{ij} - \Delta(v_i, v_j) \in \mu^- \\ f_{ij}(v_i, v_j) \notin \mu \end{cases}$$

则可行流 $\{f'_{ij}\}$ 对应的网络流量增大了 Δ。

（2）若不存在增广链，则当前流为最大流，算法终止；否则，返回到（1）。

［例 7-4］ 如图 7-5 所示，求容量网络的最大流。

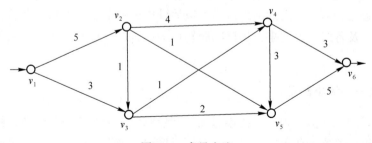

图 7-5 求最大流

解：（1）取初始可行流为零流，如图 7-6 所示，其中弧旁数字中，后一数字为该弧的流量。

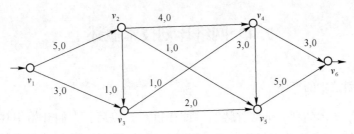

图 7-6　初始可流量

选取顶点序列为 $\{v_1, v_2, v_4, v_6\}$ 的增广链，由式（7-1）得 $\Delta = 3$，将该链上的弧流量增加 3；再选顶点序列为 $\{v_1, v_3, v_5, v_6\}$ 的增广链，将链上的弧流量增加 2，得可行流量如图 7-7 所示。

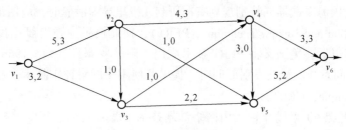

图 7-7　可行流量

（2）选取顶点序列为 $\{v_1, v_2, v_5, v_6\}$ 的增广链，由式（7-1）得 $\Delta = 1$，将链上的弧流量增加 1；再选顶点序列为 $\{v_1, v_3, v_4, v_5, v_6\}$ 的增广链，将链上的弧流量增加 1，得可行流量如图 7-8 所示。

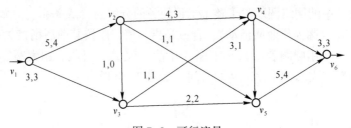

图 7-8　可行流量

（3）选取顶点序列为 $\{v_1, v_2, v_4, v_5, v_6\}$ 的增广链，由式（7-1）计算将链上的弧流量增加 1，得可行流量如图 7-9 所示。由于弧 (v_1, v_2) 与弧 (v_1, v_3) 的流量都等于容量，不再存在增广链，所以当前流为流最大流。

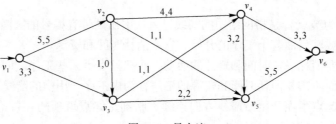

图 7-9　最大流

7.4 网络计划技术概述

7.4.1 网络计划技术的产生

从 20 世纪初美国的甘特创造甘特图（即横道图）以后，人们开始用甘特图进行工程项目的进度计划管理。随着现代化生产的不断发展，工程项目的规模越来越大，相应的组织管理工作也越来越复杂。1956 年美国的沃克与凯利合作，开发了面向计算机描述的安排工程项目进度计划的方法，即关键路线法（Critical Path Method，CPM）。1957 年，美国杜邦化学公司首次采用了关键路线法，第一年就节约了 100 多万美元，相当于该公司用于研究发展 CPM 所花费用的 5 倍以上。

1958 年，美国海军武器局特别规划室在研制北极星导弹潜艇时，应用了计划评审技术（Program Evaluation and Review Technique，PERT），使北极星导弹潜艇比预定计划提前两年完成。1960 年以后，美国又将 PERT 技术应用于阿波罗登月计划。1966 年，A. Pritsker 在研究阿波罗空间系统的最终发射时间时，提出并使用了图解评审技术（Graph Evaluation and Review Technique，GERT）。

我国从 20 世纪 60 年代开始运用网络计划技术。著名数学家华罗庚教授结合我国实际，在吸收国外网络计划技术的基础上，将 CPM、PERT 等方法统一称为统筹法。

为了适应各种计划管理的需要，以 CPM、PERT 与 GERT 为基础，又研制出了其他一些网络计划法。实践证明，网络计划技术是应用广泛、行之有效、先进科学的管理技术。

7.4.2 网络图的组成

网络计划技术中的网络图反映了整个工程任务的分解与合成关系，分解是指将工程任务分为各道工序（也称为作业或活动）；合成是指各道工序按其前后衔接关系的有机组合。

网络图由事项（用圆圈表示）和工序（用箭线表示）组成。用大写字母表示不同的工序，箭线旁的数字表示该工序耗费的时间，如图 7-10 所示。

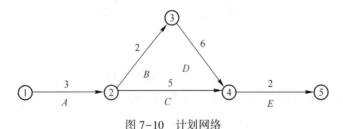

图 7-10 计划网络

事项（或称为节点）是指网络图的箭线进入或引出处带有编号的圆圈，它表示其前面若干工序的结束或其后面若干工序的开始，它不消耗时间和资源。

工序是指需要消耗一定时间和资源的活动，而把只表示某些工序之间的相互依赖、相互制约的关系，而不需要消耗时间和资源的工序称为虚工序，用虚的箭线表示。

从网络图的起点事项开始沿箭线方向连续不断到达终点事项的一条条通路称为路线。在图 7-10 中，网络图包含两条路线：

(1) ①→②→③→④→⑤

(2) ①→②→④→⑤

其中，路线（1）是持续时间最长的路线，称为关键路线。

在网络图中关键路线至少有一条，关键路线的时间代表整个工程的计划总工期，关键路线上的工序都称为关键工序。如果缩短关键工序的持续时间，则关键路线可能变为非关键路线。

在网络图中非关键路线上的非关键工序有时间储备，即表示工程开工以后，在不影响整个工程按时完工的情况下，它们有开工的机动时间。因此在工程的实施过程中如果由于工作疏忽，拖长了某些非关键工序的持续时间，就可能使非关键路线转变为关键路线。

7.4.3 网络图的绘制规则

在绘制网络图前要将工程项目分解成各道工序，工序划分的粗细程度应视工程内容及管理上的需要而定。在工序划分的基础上，明确工序实施过程中的前后关系，明确每道工序的紧前、紧后及平行工序，即在该工序开始前，哪些工序必须先期完成，哪些工序可以同时平行进行，哪些工序必须紧接着完成。绘制网络图要遵循以下原则：

（1）工序的箭线从左向右，相邻两事项之间只能有一条箭线相连，事项按时序编号，按箭头方向由小到大，起点事项编号为1。

（2）在 CPM、PERT 中，网络图不能出现缺口与回路，只允许有一个起点事项和一个终点事项。

（3）任何事项都应与箭线相连，不能中断。

（4）在绘制网络图时，为了解决工序之间的前后逻辑关系，往往需要增加事项或添加虚工序。虚工序在网络图中，只起连接作用，所消耗时间为零，用虚箭线表示。

（5）尽量减少不必要的事项和虚箭线，尽量避免交叉箭线。

［例 7-5］如某工程项目划分为 A、B、C、D、E 五道工序进行施工，工序 A 无紧前工序，工序 B 与工序 C 的紧前工序是工序 A，工序 D 的紧前工序是工序 B，工序 E 的紧前工序是工序 B 与工序 C，试画出网络图。

解：由于工序 D 与工序 E 的紧前工序既有相同的工序 B，又有不同的工序 C，所以工序 D 与工序 E 不能和同一事项相连，因此，应添加虚工序，如图 7-11 所示。

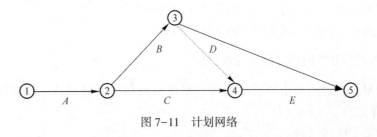

图 7-11 计划网络

7.5 关键路线法

关键路线法（CPM）用网络图表示各工序之间的相互关系，找出工程的关键路线，以便更有针对性地安排各种资源，以达到缩短工期、提高效率的目的。

7.5.1 工序时间

工序时间是以现在的工时定额，或以过去同类作业的时间统计资料制定的先进、合理的时间值。对于新工程与新工序，没有以往的资料可以借鉴，则可以采用三点估工法计算工序时间。三点估工法把最顺利情况下的工序时间称为乐观时间 a，大多数情况下完成该工序的时间为最可能时间 m，最不顺利情况下的工序时间为保守时间 b，并假设三种情况发生的概率分别为 1/6、4/6、1/6，则工序的平均时间为：

$$t_{ij} = \frac{a + 4m + b}{6} (i、j \text{ 表示该工序箭尾与箭头事项的标号})$$

工序时间的标准差记为：

$$\sigma = \frac{b - a}{6}$$

7.5.2 事项最早开始时间与事项最迟完成时间

事项最早时间表示该事项所有后续工序最早可能开始的时刻 $T_E(j)$，标记在网络图中事项旁的"△"中，并令 $T_E(1) = 0$，则后续事项的事项最早时间为：

$$T_E(j) = \max\{T_E(i) + t_{ij}\} (j = 2, 3, \cdots, n) \tag{7-2}$$

其中，n 为事项总数；事项 i 为所有指向事项 j 的箭尾事项。

事项最迟时间表示该事项所有前导事项最迟必须结束的时间 $T_L(j)$，标记在网络图中事项旁的"□"中。令 $T_L(n) = T_E(n)$，则前面事项的事项最迟时间为：

$$T_L(j) = \min\{T_L(k) - t_{jk}\} (j = n - 1, n - 2, \cdots, 1) \tag{7-3}$$

其中，事项 k 为所有离开事项 j 的箭头事项。

7.5.3 工序的总时差

工序的总时差是指在不影响工程完工的前提下，工序开工时间的机动时间，用 $R(i, j)$ 表示，它是工序的最迟完工时间与最早完工时间的差：

$$R(i, j) = T_L(j) - T_E(i) - t_{ij} \tag{7-4}$$

若 $T_L(j) = T_E(j)$，则称事项 j 为关键事项。

若工序的总时差 $R(i, j) = 0$，则该工序为关键工序。

一般用中括号括起来标记在网络图中该工序旁边。

7.5.4 工序的最早开始时间与最早完成时间

工序的最早开始时间是指该工序的所有紧前工序都结束时便开工的时间，用 $t_{ES}(i, j)$ 表示，则有 $t_{ES}(i, j) = T_E(i)$。

工序的最早完成时间为：

$$t_{EF}(i, j) = T_E(i) + t_{ij}$$

7.5.5 工序的最迟完成时间与最迟开始时间

工序的最迟完成时间等于箭头事项的最迟时间，用 $t_{LF}(i, j)$ 表示为：

$$t_{LF}(i, j) = T_L(j)$$

工序的最迟开始时间为：

$$t_{LF}(i, j) = T_L(j) - t_{ij}。$$

定理 7-1　关键路线上所有工序的总时差均为零；反之，所有工序的总时差为零的路线是关键路线。

定理 7-2　关键路线上所有事项的时差（事项最迟完成时间与最早开始时间的差）为零；反之，不成立。

[**例 7-6**] 如某工程的网络图如图 7-12 所示，求关键路线。

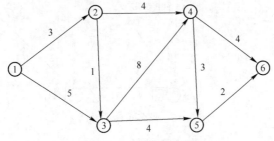

图 7-12　求关键路线

解：（1）令 $T_E(1) = 0$，由式（7-5）计算后续事项的最早时间，并标记在网络图该事项旁的"△"中，如图 7-13 所示。

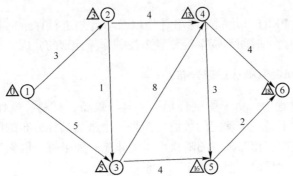

图 7-13　求各事项的最早时间

$$T_E(j) = \max\{T_E(i) + t_{ij}\}\,(j = 2, 3, \cdots, 6) \qquad (7-5)$$

（2）令 $T_L(6) = T_E(6) = 18$，由式（7-6）计算前面事项的最迟时间，并标记在网络图该事项旁的"□"中，如图 7-14 所示。

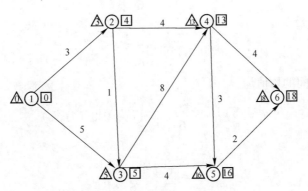

图 7-14　求各事项的最迟时间

$$T_L(j) = \min\{T_E(k) - t_{jk}\}(j = 5,\ 4,\ \cdots,\ 1) \tag{7-6}$$

（3）由式（7-4）计算每一工序的总时差，用中括号括起来标记在该工序旁边，如图 7-15 所示。

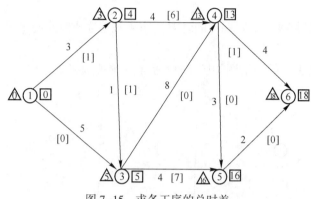

图 7-15 求各工序的总时差

（4）总时差为零的路线：①→③→④→⑤→⑥为关键路线。

7.6 计划评审技术

计划评审技术（PERT）是制定网络计划以及对计划进行评价的技术，需要通过科学合理地安排人力、物力、时间和资金等要素来控制保障计划的完成。

7.6.1 工程完工时间近似服从正态分布

在项目的实施过程中，由于受到环境、工具、设备、材料、操作者等多种因素的影响，工序的时间往往不是一个确定的数值，而是一个服从某种分布的随机变量。由概率论可知：某一现象受到许多相互独立的随机因素的影响，如果每个因素所产生的影响都很微小，则这一现象的变化规律近似服从正态分布。

如果工程中各工序的时间都服从正态分布，由于工程完工时间等于各关键工序的时间之和，由概率论可知，工程完工时间也服从正态分布。如果用三点估计法得到网络图中各工序的平均时间为：

$$t_{ij} = \frac{a + 4m + b}{6}$$

各工序时间的标准差为：

$$\sigma = \frac{b - a}{6}$$

则整个工程完工时间的均值为：

$$T = \sum_{i \in j} \frac{a_i + 4m_i + b_i}{6}(j \text{ 为关键工序集})$$

方差分为：

$$\sigma^2 = \sum_{i \in j} \left(\frac{b_i - a_i}{6}\right)^2$$

7.6.2 工程按期完工的概率计算

由于工程完工时间是服从正态分布的随机变量 t，而工程完工时间的期望值为 T，标准差为 σ，则在某一时间 t_s 之前完工的概率为：

$$P(t < t_s) = P\left(\frac{t - T}{\sigma} < \frac{t_s - T}{\sigma}\right) \overset{\Delta}{=} P(z < z_s) \tag{7-7}$$

其中，z 是服从标准正态分布的随机变量，$z_s = \dfrac{t_s - T}{\sigma}$，由临界值 z_s 查标准正态分布表得到概率 $P(z < z_s)$，即为某一时间 t_s 之前完工的概率 $P(t < t_s)$。

[**例7-7**] 某工程各工序的关系及用三点估计法得到的工序平均时间见表7-1，计算工程在 20 天完工的可能性大小，如果完工的可能性要求达到 94.5%，则工程的工期应为多少天?

表7-1　工序时间　　　　　　　　　　（天）

工序名称	紧前工序	乐观时间	最可能时间	保守时间	平均时间
A	–	3	4	8	4.5
B	A	1	2	5	2.3
C	A	1	3	7	3.3
D	A	6	7	14	8
E	B	3	4	5	4
F	C	2	4	9	4.5
G	E	2	3	4	3
H	D	5	6	10	6.5

解：（1）先画出网络图，并在网络图上标出各工序的平均时间，由此标出各事项的最早时间与最迟时间。同时，计算并标出各工序的总时差，如图7-16所示。

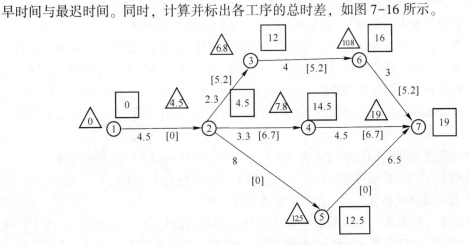

图7-16　求各工序的总时差

（2）由图 7-16 可知，关键路线为 ①→②→⑤→⑦，工程的平均完工时间为 19 天，完工时间的方差为：

$$\sigma^2 = \sum_{i \in j} \left(\frac{b_i - a_i}{6} \right)^2 = \left(\frac{8 - 3}{6} \right)^2 + \left(\frac{14 - 6}{6} \right)^2 + \left(\frac{10 - 5}{6} \right)^2 \approx 3.2$$

计算临界值 z_s 得：

$$z_s = \frac{t_s - T}{\sigma} = \frac{20 - 19}{\sqrt{3.2}} \approx 0.56$$

查标准正态分布表得：

$$P(z < z_s) = 0.71$$

即工程在 20 天完工的可能性为 71%。

（3）查标准正态分布表：当概率 $P = 0.945$ 时，对应的临界值为 1.6，即有：

$$z_s = \frac{t_s - 19}{\sqrt{3.2}} = 1.6，则 t_s = 22$$

即如果完工的可能性要求达到 94.5%，则工程的完工时间应为 22 天。

由以上分析可知，工程在平均完工时间之前完工的可能为 50%。

进一步可得：在工序时间为随机变量的网络计划问题中，关键路线是指在规定的期限内，完工的可能性最小的路线。

7.7　网络图调整及费用分析

利用关键路线法能在网络模型上直观地分析大型工程项目所需时间和费用的关系，找到缩短工程日期和节约费用的关键所在。

7.7.1　缩短计划工期

在编制网络计划或计划实施的过程中，往往由于各方面原因（如需要使工程建设配套或受资金与资源等要素的限制），需要对原计划方案的工期做出调整。

在网络图中，由于工程的完工时间就是关键路线持续的时间，因此，如果规定工期大于关键路线持续时间，则说明时间较为宽裕，必要时可以延长一些工序的时间，以便减少工序成本。如果规定工期小于关键路线持续时间，则需要缩短一些工序的时间，以便使工程完工时间符合规定的要求。要缩短工程的完工时间，通常可以从技术与管理上采取以下方法：

（1）改进工艺装备、购置新设备或增加人力等方法缩短关键工序的作业时间。

（2）在符合工艺、质量等相关要求下，采取平行作业与交叉作业。

（3）从非关键路线抽调人力、物力，支持关键工序。

在网络图中，如果某一工序的时间发生变化，则有可能导致关键路线发生改变。因此，当工序时间改变后，要重新计算网络图的时间参数，确定新的关键路线，直到满足工期要求为止。

[**例7-8**] 某工程的网络计划如图7-17所示，该网络图是参照同类工程往年的施工进度制定的，计划工期为20周。根据新的要求，现在上级部门规定工期为16周，则网络图应如何调整？

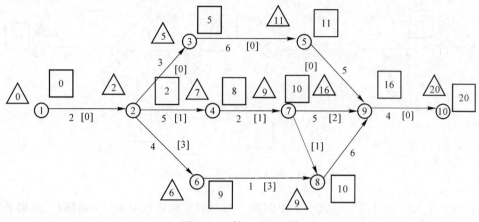

图7-17　某工程的网络

解：为了达到上级部门规定的工期要求，需要将关键路线的工序时间总共缩短4周，不妨假设关键路线上的四道工序②→③、③→⑤、⑤→⑨、⑨→⑩的时间各缩短1周，则网络图变为图7-18所示。

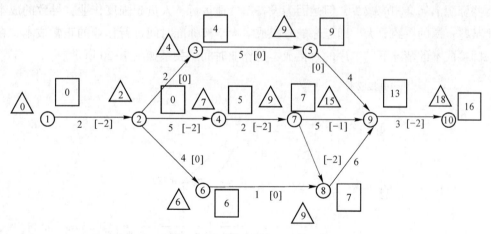

图7-18　调整后的某工程的网络

由图7-18可知，非关键路线上的部分工序总时差变成了负时差，表明工序不但没有机动的开工时间，反而还要进一步缩短工序时间。假设将工序②→④与工序⑧→⑨的工时各缩短一周，则网络图变为图7-19。此时，不再存在负时差的工序，计划工期变为16周，符合上级部门规定的要求，并且从图7-19可知，网络图的关键路线共有3条。

7.7.2　缩短工期中的费用分析

要缩短工程的完工时间，即首先要缩短关键路线上关键工序的作业时间。在实际问题

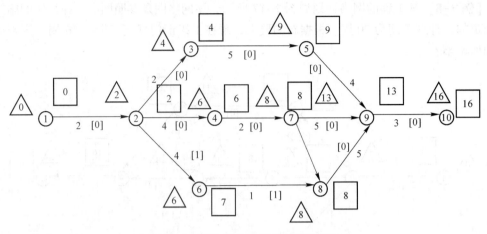

图 7-19　再次调整后的某工程的网络

中，有的工序不能通过赶工来减少工序时间，而有的工序可以减少工序时间。如果关键线路上有多道工序都可以缩短工序时间，则应先缩短哪一道工序的时间？

工序时间是指合格操作者按规定的作业标准，完成该工序所需的时间，也称为工序的标准时间，同时也是完成该工序所需成本最低的时间。如果工序持续时间大于标准时间，则各种资源消耗会相应增加，成本随之增大；而工序持续时间小于工序的标准时间时，虽然有些资源消耗会相应减少，但是因为设备超负荷运行、人员超强度作业，导致的成本损失比某些资源的节约要大，即工序的赶工成本大于按标准时间进行作业的正常成本。在不考虑间接成本的情况下，工序的直接成本与作业时间的关系如图 7-20 所示。

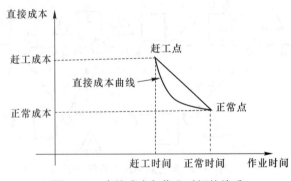

图 7-20　直接成本与作业时间的关系

赶工时间是指工序在赶工状态下能达到的最短作业时间，此时所消耗的成本为赶工成本。由图 7-20 可知，工序的直接成本曲线接近赶工点与正常点的连线，因此定义每缩短单位时间需增加的成本为成本斜率，用公式表示为：

$$成本斜率 = \frac{赶工成本 - 正常成本}{正常时间 - 赶工时间}$$

[例 7-9] 某工程的网络计划如图 7-21 所示，时间单位为天，各工序的成本斜率见表 7-2，如果要将工程的完工时间缩短 1 天、2 天或 3 天时，网络图应分别如何调整？

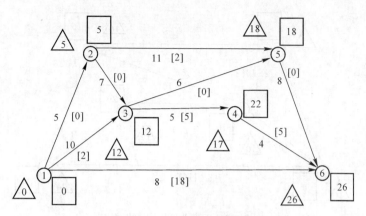

图7-21 工程计划的网络

表7-2 各工序的成本斜率

工序	正常时间/天	赶工时间/天	成本斜率/元	工序	正常时间/天	赶工时间/天	成本斜率/元
①→②	5	3	8000	③→④	5	3	20000
①→③	10	8	9000	③→⑤	6	5	10000
①→⑥	8	6	10000	④→⑥	4	不能赶工	
②→③	7	5	6000	⑤→⑥	8	7	16000
②→⑤	11	9	4000	关键工序	26	25（24、23）	

解：（1）由于关键路线①→②→③→⑤→⑥上四道工序的成本斜率分别为8000元、6000元、10000元、16000元，如果将工序②→③的作业时间缩短为6天，则工程的计划网络图改变为图7-22所示。

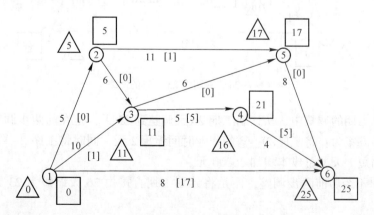

图7-22 工期为25天时的网络

（2）由于关键路线没变，所以将工程完工时间缩短为24天时，再将工序②→③的作业时间缩短为5天，此时工程的计划网络图为图7-23所示。

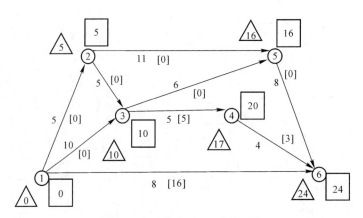

图 7-23 工期为 24 天时的网络

（3）在网络图 7-23 中，有三条关键路线，它们是：

1) ①→②→⑤→⑥。

2) ①→②→③→⑤→⑥。

3) ①→③→⑤→⑥。

若将总工期缩短为 23 天，则应将三条关键路线的持续时间各减少 1 天，此时有多种可行方案，用枚举法得最优方案是将工序②→⑤、③→⑤的作业时间各缩短 1 天，成本共增加 14000 元，此时工程的网络图如图 7-24 所示。

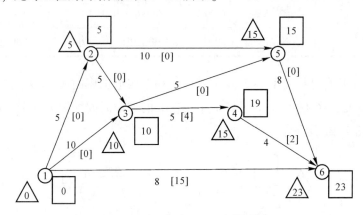

图 7-24 工期为 23 天时的网络

以上对总工期的调整中，从计划工期 26 天调整到 23 天，是在前两步调整的基础上进行的，即调整方案为：将工序②→③的作业时间缩短 2 天，同时将工序②→⑤、③→⑤的作业时间各缩短 1 天，总成本增加 26000 元。

（4）如果不经历前两步调整，而是将计划工期直接由 26 天缩短为 23 天，则应如何调整？

由于将工序②→③与工序②→⑤的作业时间各缩短一天与将这两道工序的同一紧前工序①→②的作业时间缩短一天，对于总工期的缩短作用是一样的，而前者增加成本 10000 元，后者只增加成本 8000 元，因此将计划工期直接由 26 天缩短为 23 天的最优方案如图 7-25所示，总成本增加 24000 元。

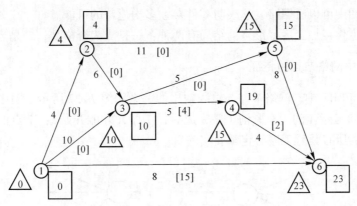

图 7-25 工期直接缩短为 23 天时的网络

7.8 图解评审技术

7.8.1 GERT 的特点

图解评审技术（GERT）是 1966 年在研究阿波罗空间系统的最终发射时间时提出的，是关键路线法和计划评审技术的进一步发展。它的适用范围更广，可以认为关键路线法和计划评审技术是图形评审技术的特殊情形。

关键路线法与计划评审技术本质上属于确定性网络模型，即在工程施工过程时，所有的工序（活动）都必须实施。确定性网络模型无法处理随机型事件，网络中不能出现回路，即工序不能重复执行，也不能有多个终端事项。因此，它不能应用于不确定型问题的管理决策中。

图解评审技术是一种随机网络模型，它允许出现循环、分支及多个终端事项，工序的时间、费用及效果都可以是随机变量。例如一个零件，经初加工后，需要进行检验，如检验合格，则进行精加工；如检验不合格，则当废品处理；如检验部分合格，则送去返修，返修后还要再检验。这一过程可用简单的网络图表示，如图 7-26 所示。

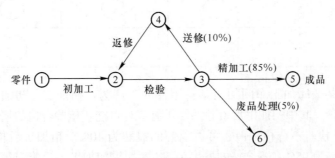

图 7-26 零件加工网络

由图 7-26 可知，图形评审技术具有以下特点：

（1）某紧前工序发生后，其紧后工序不一定发生，而是在多道紧后工序中，只有一道工序发生，具体是精加工、送修或作废品处理，要看检验的结果。

（2）网络图中可以有回路，这表明零件存在多次返修的可能。

（3）一个零件经加工后，最终的结局有两种：一是成为合格品，二是当废品处理。

7.8.2 GERT 中网络节点的特征

在 CPM 与 PERT 中，网络节点与输入输出的关系如图 7-27 所示。图中节点的输入都是"与"型（即工序 A 的所有紧前工序完成后，工序 A 才能开始）；节点的输出都是确定型（即工序 A 的所有紧后工序必定都要实施）。

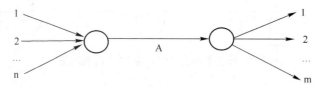

图 7-27   CPM 与 PERT 中节点与输入输出的关系

图解评审技术的网络图由节点和有向支路构成。

网络图节点的输入除了"与"型，还有"或型"与"异或型"，节点的输出除了确定型，还有"概率型"。"或型"的输入表示多道工序中，只要一道工序完工了，后续工序便可开始，即任一支路实现，节点便实现；"异或型"的输入表示多道工序中，同一时间只能有一道工序实施，该工序完成后，后续工序便可开始；"概率型"的输出表示在多个工序中，只有一道工序发生，且各道工序发生的概率之和等于 1。由于每个节点都由输入与输出端构成，当三种输入和两种输出分别用不同的逻辑符号表示时，它们组合成六种不同的节点形式，见表 7-3。

网络图的有向支路有两个特征参数，即该支路出现的概率（P）和完成该支路活动所需要的时间（t），时间一般为随机变量。

表 7-3   GERT 的节点形式

输出 ＼ 输入	异或 ◁	或 ◁	与 ⊃
确定型 ⊃			
概率型 ▷			

[例 7-10] 某金属加工车间加工某一零件的工序为：初加工、初加工后检验、精加工、精加工后检验。其中初加工后检验的结果有三种可能：检验合格的概率为 85%；不合格的概率为 5%；检验不合格，但还可以返修的概率为 10%。精加工后检验有两种可能：检验合格格的概率为 95%；不合格的概率为 5%。如果初加工、返修与精加工的时间都服从正态分布（用 Ⅰ 表示），其均值分别为 3min、2min 与 5min。而初加工与精加工后的检验时间都服从指数分布（用 Ⅱ 表示），其均值都是 1min，试画出网络图。

解：由于送来的零件都必须要加工处理，所以起始事项的输出是确定型的，如图 7-28 所示。

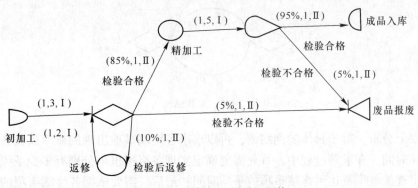

图 7-28　零件加工的随机网络

图 7-28 中支路旁括号内的第一个数字表示该支路出现的概率，第二个数字表示完成该支路活动所需要的平均时间，第三个数字表示支路活动时间服从的分布类型。

7.8.3　GERT 中网络参数的计算

在网络图中，当有向支路 a 和有向支路 b 为串联结构，且两支路出现的概率分别为 P_a 与 P_b，两支路完成的时间分别为 t_a，t_b，（见图 7-29），则总支路出现的概率和该支路完成的时间分别为：

$$P_{ab} = P_a P_b, \quad t_{ab} = t_a + t_b$$

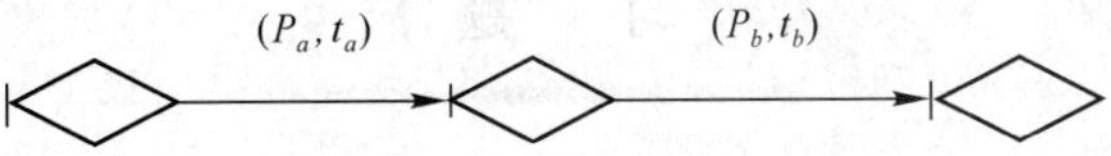

图 7-29　串联结构

当网络图中包含循环回路时（见图 7-30），则总支路出现的概率和该支路完成的时间分别为：

$$P_{ab} = P_a + P_b P_a + P_b^2 P_a + \cdots = \frac{P_a}{1 - P_b}$$

$$t_{ab} = P_a t_a + P_b P_a (t_b + t_a) + P_b^2 P_a (2t_b + t_a) + \cdots (令 P_a + P_b = 1)$$

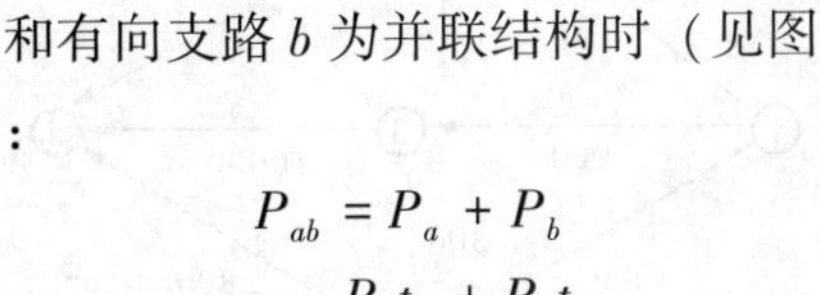

图 7-30　循环结构

当网络图中有向支路 a 和有向支路 b 为并联结构时（见图 7-31），则总支路出现的概率和支路完成的时间分别为：

$$P_{ab} = P_a + P_b \tag{7-8}$$

$$t_{ab} = \frac{P_a t_a + P_b t_b}{P_a + P_b} \tag{7-9}$$

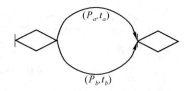

图 7-31　并联结构

　　通过以上分析，对于具体的网络图，可以求出各终端事项出现的概率以及各终端事项
实现的平均时间。在求解过程中，首先需要确定实现各终端事项分别有多少条线路，计算
每条线路出现的概率及达到终端事项的平均时间；最后，需要依据各终端事项的输入类型
再来计算各终端事项出现的概率以及各终端事项实现的平均时间。对于两条路线且终端事
项的输入类型为"异或型"时，用式（7-8）与式（7-9）计算；对于两条路线且终端事
项的输入类型为"或型"时，用式（7-10）与式（7-11）计算；对于两条路线且终端事
项的输入类型为"与型"时，用式（7-12）与式（7-13）计算。

$$P_{ab} = P_a + P_b - P_a P_b \tag{7-10}$$

$$t_{ab} = \min\{t_a, \ t_b\} \tag{7-11}$$

$$P_{ab} = P_a P_b \tag{7-12}$$

$$t_{ab} = \max\{t_a, \ t_b\} \tag{7-13}$$

习　题

7-1　用标号算法求图 7-32 中起点①到其他各点的最短路。

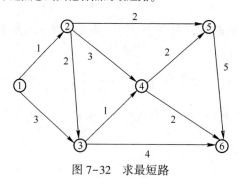

图 7-32　求最短路

7-2　图 7-33 中弧旁的数字为该弧的容量，求该网络的最小割与最大流。

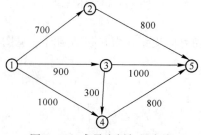

图 7-33　求最小割与最大流

7-3　构造距离矩阵，求图 7-34 中任意两点之间的最短路。

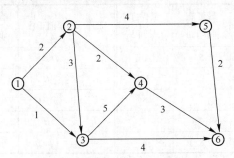

图 7-34　求任意两点的最短路

7-4　图 7-35 中弧旁的数字为该弧的容量，用寻找增广链法，求该网络的最大流。

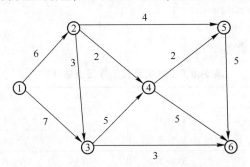

图 7-35　求任意两点的最短路

7-5　网络计划技术主要包括哪几种技术，它们各有哪些特点？

7-6　已知某工程各工序的关系及工序时间见表 7-4，要求：

　　（1）绘出网络图；

　　（2）标出每一事项的最早时间和最迟时间；

　　（3）确定关键路线。

表 7-4　工序关系及工序时间　　　　　　　　（天）

工序	紧前工序	工序时间	工序	紧前工序	工序时间
A	—	5	G	C	5
B	A	4	H	D、E	3
C	—	7	I	F	3
D	B、C	2	J	F、H	2
E	C	3	K	H、G	5
F	B、C	7	G	C	5

7-7　考虑由九道工序（A、B、C、D、E、F、G、H、I）组成的工程计划，其工序关系及工序时间见表 7-5，要求：

　　（1）画出计划网络图；

　　（2）标出各事项的最早时间与最迟时间；

　　（3）找出关键路线。

表7-5 工序关系及工序时间   （天）

工序	紧前工序	最乐观时间 a	最可能时间 m	最保守时间 b	工序	紧前工序	最乐观时间 a	最可能时间 m	最保守时间 b
A	-	2	5	8	F	D、E	5	14	17
B	A	6	9	12	G	C	3	12	21
C	A	6	7	8	H	F、G	3	6	9
D	B、C	1	4	7	I	H	5	8	11
E	A	8	8	8					

7-8 某一工程包含的工序见表7-6，要求：

(1) 画出工程的网络计划图；

(2) 计算每道工序的平均时间；

(3) 确定工程的平均工期；

(4) 计算16周内工程能完工的概率。

表7-6 工序关系及工序三点估计时间   （周）

工序	紧前工序	时间	工序	紧前工序	时间
A	—	1-2-3	F	A、B	1-2-3
B	—	3-5-7	G	A、B	4-6-8
C	—	3-4-5	H	D、E、F、G	3-4-5
D	A	2-3-4	I	E、G	1-2-3
E	A、B、C	2-4-6			

7-9 与PERT比较，GERT在哪些方面做了改进？

7-10 在GERT中，如果有向支路的特征参数包含成本时，则相应的网络参数应如何计算？

8 系统可靠性

在系统工作过程中，任何局部问题，都可能引起整个系统不能正常运行。要使系统长期处于正常状态，必须对系统的可靠性加以分析，对于涉及人身安全的系统问题，进行可靠性分析显得更为重要，因此系统可靠性分析是系统工程的重要内容。

8.1 可靠性概念及可靠性度量

在古代，人们已经开始了工程质量及可靠性的检查与监督，但这只是对可靠性的朴素认识。虽然可靠性的主要理论基础概率论创建于17世纪初，但是直到1939年，美国航空委员会才首次提出飞机故障率的概念，这是最早的可靠性指标。后来，瑞典人威布尔为了描述材料的疲劳强度，提出了威布尔分布，该分布是可靠性工程中最常用的分布之一。1943年美国成立了"电子技术委员会"，开始了电子管的可靠性研究。第二次世界大战末期，德国火箭专家把V1火箭诱导装置作为串联系统，求得其可靠度为75%，这是首次定量计算复杂系统的可靠度。1949年，美国无线电工程学会成立了第一个可靠性技术组织。1952年美国国防部下令成立由军方、工业部门和学术界组成的"电子设备可靠性咨询组织"。1953年英国的一次学术会议上提出可靠性定义。在20世纪50年代苏联、日本、瑞典、意大利、联邦德国相继成立了可靠性的专业组织，开展了可靠性研究活动。20世纪60年代以后，可靠性工程与研究得到全面发展。

8.1.1 可靠性概念

系统可靠性是指在规定的时间内和规定的条件下，系统完成规定功能的能力。

规定的时间：是指系统功能保持的时间，离开时间，可靠性就无从谈起。系统的平均无故障时间也是系统的可靠性度量指标。实际问题中，可能采用与时间相当的系统动作次数、运行里程等来衡量系统的可靠性。一般来说，系统的可靠性随着系统工作时间的增加逐渐降低。

规定的条件：是指系统的使用条件、维护条件、人因条件和其他环境条件等。同一系统，条件不同，可靠性不同。比如同样质量的汽车，不同的载重量、不同的保养维护措施、不同的驾驶员及不同的路况等条件，都会影响汽车的可靠性，因此研究系统的可靠性，需要规定条件，不能离开条件谈可靠性。

完成规定功能：是指系统技术性能的正常发挥。如果系统的技术性能不能正常发挥，即系统丧失规定的功能，则称之为系统失效，或称为系统故障。

能力：一般用各种可靠性指标来衡量。

8.1.2 可靠性指标

8.1.2.1 可靠度与不可靠度

可靠度是指系统工作到规定时刻 t 未发生故障的概率，用 $R(t)$ 表示。可靠度可以表示为：

$$R(t) = P(T > t) \tag{8-1}$$

其中，T 表示系统从开始工作到发生故障这段时间，因此 T 是随机变量。

同样把系统未工作到规定的时间 t 就发生故障的概率称为系统的不可靠度，记为 $F(t)$。不可靠度也可表示为：

$$F(t) = P(T \leqslant t) \tag{8-2}$$

显然有：

$$R(t) + F(t) = 1 \tag{8-3}$$

对于有限样本，设产品总数为 N_0，在 $t = 0$ 时刻开始使用，到 t 时刻失效产品数为 $N_f(t)$，仍正常产品数为 $N_s(t)$，则有：

$$N_0 = N_s(t) + N_f(t) \tag{8-4}$$

$$R(t) = \frac{N_s(t)}{N_0} \tag{8-5}$$

$$F(t) = \frac{N_f(t)}{N_0} \tag{8-6}$$

[**例8-1**] 在一批产品中，随机抽取 100 件产品进行可靠性试验，当试验时间 $t = 20h$ 时，有 30 个产品失效，求 $t = 20h$ 时产品的可靠度与不可靠度。

解：根据式（8-5）和（8-6）可知：

$$R(20) = \frac{N_s(20)}{N_0} = \frac{100 - 30}{100} = 0.7$$

$$F(20) = \frac{N_f(20)}{N_0} = \frac{30}{100} = 0.3$$

$R(20) = 0.7$ 表示产品工作到 20h 时，有 70% 的可能还是正常的；$F(20) = 0.3$ 表示产品在 20h 内出故障的概率为 30%。

从上例中不难发现，随着试验时间 t 不断延长，产品失效个数 $N_f(t)$ 将变得越来越大，$N_s(t)$ 变得越来越小。当 $t \to \infty$ 时，$N_s(t) \to 0$，而 $N_f(t) \to N_0$。由此可得，可靠度与不可靠度的性质：

（1）$R(0) = 1$，$F(0) = 0$，$0 \leqslant R(t)$，$F(t) \leqslant 1$。

（2）$R(t)$ 是时间 $t(t \in [0, \infty))$ 的单调递减函数，且 $\lim\limits_{t \to \infty} R(t) = 0$，如图 8-1 所示；$F(t)$ 是时间 t 的单调递增函数，且 $\lim\limits_{t \to \infty} F(t) = 1$，如图 8-2 所示。

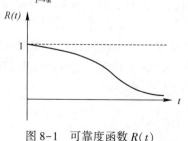

图 8-1　可靠度函数 $R(t)$

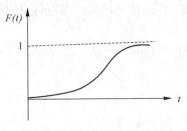

图 8-2 不可靠度函数 $F(t)$

（3）由于失效时间 T 是连续型的随机变量，由式（8-2）不可靠度函数 $F(t)$ 的定义可知，$F(t)$ 是随机变量 T 的分布函数，所以 T 的分布密度为：

$$f(t) = \frac{\mathrm{d}F(t)}{\mathrm{d}t} = \frac{-\mathrm{d}R(t)}{\mathrm{d}t} = -R'(t) \tag{8-7}$$

其中，$f(t)$ 为失效密度函数。$f(t)$ 的含义是指系统工作到时间 t 时，接下来的单位时间内，系统失效的概率。

对于有限样本，设产品总数为 N_0，在 $t=0$ 时刻开始使用，到 t 时刻失效产品数为 $N_\mathrm{f}(t)$，而到 $t + \Delta t$ 时刻，失效产品数为 $N_\mathrm{f}(t + \Delta t)$，则有：

$$f(t) = \frac{N_\mathrm{f}(t + \Delta t) - N_\mathrm{f}(t)}{N_0 \Delta t} \tag{8-8}$$

[**例 8-2**] 在一批产品中，随机抽取 100 件产品进行可靠性试验，当试验时间 $t=20\mathrm{h}$ 时，有 30 个产品失效，当试验进行到 21h 时，有 32 个产品失效，求 $t=20\mathrm{h}$ 时产品的失效密度函数。

解：由式（8-8）可得：

$$f(20) = \frac{N_\mathrm{f}(20 + 1) - N_\mathrm{f}(20)}{N_0} = \frac{32 - 30}{100} = 0.02$$

$f(20) = 0.02$ 的含义为：当产品使用到 20h 时，在接下来的单位时间内，产品失效的概率为 2%。

8.1.2.2 系统的寿命

A 平均寿命

由于系统的失效时间 T 是随机变量，而这一随机变量的期望值就是系统的平均寿命，通常记为 MTTF（Mean Time to Failure）。

如果系统的失效密度函数为 $f(t)$，则系统的平均寿命为：

$$MTTF = E(T) = \int_0^\infty t f(t) \, \mathrm{d}t \tag{8-9}$$

如果系统出故障以后，值得修复也可以修复，则称该系统为可修复系统。系统出故障后，经修复可再使用，直到第二次故障，照此继续修下去，则每次故障之间的平均使用时间称为平均故障间隔时间，记为 MTBF（Mean Time Between Failures）。

如果某系统在使用过程中修复了 N_0 次，每次故障前的工作时间分别为 t_1，t_2，$\cdots$，t_{N_0}，则平均故障间隔时间为：

$$MTBF = \frac{1}{N_0} \sum_{i=1}^{N_0} t_i$$

如果系统修复后和新系统一样，则平均故障间隔时间的计算可用式（8-9）。

B　可靠寿命

可靠寿命是指系统的可靠度下降到给定值 r 所需要的时间 t_r，即：

$$R(t_r) = r$$

当 $r = 0.5$ 时，对应的寿命为中位寿命；当 $r = e^{-1}$ 时，对应的寿命为特征寿命。

8.1.2.3　失效率

系统工作到时刻 t 未发生故障，在接下来的单位时间内发生失效的概率，称为失效率，记为 $\lambda(t)$。

$$\lambda(t) = \frac{N_f(\Delta t)}{N_s(t)\Delta t} \tag{8-10}$$

其中，$N_f(\Delta t)$ 为 $(t, t + \Delta t)$ 时间内系统的失效数。

[**例8-3**]　在一批产品中，随机抽取 100 件产品进行可靠性试验，当试验时间 $t = 20h$ 时，有 30 个产品失效，当试验进行到 21h 时，有 32 个产品失效，求 $t = 20h$ 时产品的失效率。

解：由式（8-10）可得：

$$\lambda(20) = \frac{N_f(21 - 20)}{N_s(20) \times 1} = \frac{32 - 30}{70 \times 1} = 0.029$$

上式表明，当产品使用到 20h 的时候，未失效的产品在接下来的单位时间内，产品失效的概率为 2.9%。

根据失效率的定义有：

$$\lambda(t) = \lim_{\Delta t \to 0} \frac{N_f(\Delta t)}{N_s(t)\Delta t} = \lim_{\Delta t \to 0} \frac{\dfrac{N_f(\Delta t)}{N_0 \Delta t}}{\dfrac{N_s(t)}{N_0}} = \frac{f(t)}{R(t)}$$

由式（8-7）可得：

$$\lambda(t) = \frac{f(t)}{R(t)} = \frac{-R'(t)}{R(t)} \tag{8-11}$$

根据定义，失效率是一个条件概率：

$$\lambda(t) = \lim_{\Delta t \to 0} \frac{1}{\Delta t} P\left\{\frac{系统在(t, t + \Delta t)内失效}{系统在 t 时刻正常}\right\}$$

$$= \lim_{\Delta t \to 0} \frac{1}{\Delta t} P\left\{\frac{t \leqslant T \leqslant t + \Delta t}{T > t}\right\} \tag{8-12}$$

$$= \frac{f(t)}{R(t)} = \frac{1}{R(t)} \times \frac{dF(t)}{dt} = -\frac{R(t)'}{R(t)}$$

从表面上看式（8-11）表示系统在 t 时刻失效的速率，式（8-12）表示系统在 t 时刻失效的概率，由于概率的含义为频率，因此两者本质含义是相同的。

大量的实验与实践数据表明，系统失效的原因主要有三个方面，即系统设计、制造及安装方面的缺陷，系统使用、维护不当或系统的自然磨损与劣化，这三方面因素的综合作用导致系统的失效率具有明显的规律：早期失效的可能性比较高，中期失效的可能性较小，后期失效的可能性又增高，呈现如图8-3所示的曲线形状，称其为浴盆曲线。

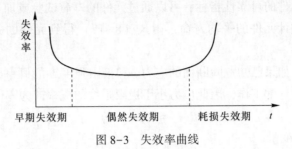

图 8-3　失效率曲线

如果将式（8-11）两边积分得：

$$\int_0^\infty \lambda(t)\,\mathrm{d}t = \int_0^\infty \frac{-R'(t)}{R(t)}\,\mathrm{d}t = -\ln R(t)$$

即

$$R(t) = \mathrm{e}^{-\int_0^\infty \lambda(t)\,\mathrm{d}t} \qquad (8\text{-}13)$$

当 $\lambda(t)$ 为常数，即 $\lambda(t) = \lambda$ 时，可靠度函数为：

$$R(t) = \mathrm{e}^{-\lambda t} \qquad (8\text{-}14)$$

相应的不可靠度函数及失效密度函数分别为：

$$F(t) = 1 - \mathrm{e}^{-\lambda t} \qquad (8\text{-}15)$$

$$f(t) = \lambda \mathrm{e}^{-\lambda t} \qquad (8\text{-}16)$$

系统的平均寿命为：

$$MTTF = \int_0^\infty t f(t)\,\mathrm{d}t = \int_0^\infty t\lambda \mathrm{e}^{-\lambda t}\,\mathrm{d}t = -\int_0^\infty t(\mathrm{e}^{-\lambda t})'\,\mathrm{d}t$$

$$= -\left[t\mathrm{e}^{-\lambda t}\right]\Big|_0^\infty + \int_0^\infty \mathrm{e}^{-\lambda t}\,\mathrm{d}t$$

$$= -\frac{1}{\lambda}\int_0^\infty \mathrm{e}^{-\lambda t}\,\mathrm{d}(-\lambda t) = -\frac{1}{\lambda}\mathrm{e}^{-\lambda t}\Big|_0^\infty = \frac{1}{\lambda} \qquad (8\text{-}17)$$

当系统的失效时间 T 服从正态分布时，系统的失效密度函数为：

$$f(t) = \frac{1}{\sigma\sqrt{2\pi}}\mathrm{e}^{-\frac{(t-\mu)^2}{2\sigma^2}} \quad (-\infty < t < \infty) \qquad (8\text{-}18)$$

由概率论可知，系统的平均寿命为：

$$MTTF = \mu$$

通过以上分析可知，已知系统的某一可靠性指标，就可以求出系统的其他可靠性指标。

8.2　系统可靠性模型及计算

8.2.1　系统的可靠性框图

系统在使用过程中，出现突发故障导致整个系统的功能丧失，一般不是组成系统的所有元件都出了故障，而往往是由部分元件的故障引起的。对复杂系统的可靠性进行研究，

118

必须了解组成系统的各个元件的可靠性，以及构成系统的各元件之间的关系。

在工业领域，元件的可靠性指标，可以通过元件的寿命试验或加速寿命试验得到。例如，通过寿命试验估计元件的平均寿命，由式（8-17）得到元件的失效率，再得到可靠度函数。

对于机械零件，如果已知危险断面的应力 s 和极限强度 S 的概率分布，则当应力小于极限强度时，元件能正常工作，因此应力小于极限强度的概率即为零件的可靠度，即有：

$$R(t) = P(s < S) \tag{8-19}$$

式中 s，S——随机变量。

随着元件工作时间的延长，其性能会逐渐低劣化，即极限强度 S 会不断下降，在工作应力一定的情况下，元件的可靠度会逐渐降低。

由系统元件的可靠度，计算系统的可靠度，必须要了解系统的内在结构及元件与系统之间的功能关系。

系统的可靠性框图是表示系统元件与系统之间的功能关系图。这种图主要反映元件失效与系统失效之间的关系，一个方框表示一个元件。根据方框之间的关系，可靠性框图可以分为串联、并联、混联等多种模型。

一个系统的可靠性框图与系统的结构图有相同和不同之分。例如，将三台物料输送设备 A、B、C 依次组装在一条线路上，以保证物料的连续运输，由于任一台设备失效都导致系统失效，所以系统的可靠性框图与系统的结构图都可以用图 8-4 描述。

图 8-4 输送系统的可靠性框图与结构

如果将三个单向阀 A、B、C 依次安装在液压线路上构成阀系统，阀系统的结构图为图 8-5 所示的串联系统。由于任意一个或两个单向阀失效，阀系统都还能正常工作，只有三个单向阀都失效时，阀系统才失效，所以阀系统的可靠性框图为图 8-6 所示的并联系统。

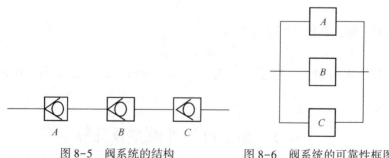

图 8-5 阀系统的结构　　　　图 8-6 阀系统的可靠性框图

如果将三个电容器连接成如图 8-7 所示的并联系统，则由于三个电容器中任意一个失效（如被击穿）都导致电容器系统失效。因此电容器系统失效的可靠性框图为图 8-4 所示的串联系统，说明系统的可靠性框图与系统的结构图是不同的。

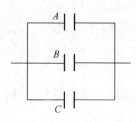

图 8-7 三个电容器的并联结构

8.2.2 串联系统的可靠性模型及计算

一个由 n 个元件组成的系统，只有所有元件（或子系统）都正常，系统才能正常工作，无论系统的结构如何，其可靠性框图都是串联系统，如图 8-8 所示。

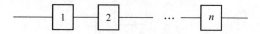

图 8-8 串联系统的可靠性框图

在以下的讨论中，假设各单元的状态只有正常和失效两种状态，并且每一单元处于正常或失效状态，是相互独立的。系统的可靠度、不可靠度、失效率与平均寿命分别记为 $R_s(t)$、$F_s(t)$、$\lambda_s(t)$、m_s；第 i 个元件（或子系统）的可靠度、不可靠度、失效率与平均寿命分别记为 $R_i(t)$、$F_i(t)$、$\lambda_i(t)$ 与 m_i。

对于串联系统，系统正常意味着所有元件都正常，由于各元件状态相互独立，所以有：

$$R_s(t) = \prod_{i=1}^{n} R_i(t) \tag{8-20}$$

如果各元件的寿命都服从指数分布，即有：

$$R_i(t) = e^{-\lambda_i t}$$

同时，各单元的失效率为：

$$\lambda_i(t) = -\frac{R_i(t)'}{R_i(t)}$$

则系统的可靠度为：

$$R_s(t) = \prod_{i=1}^{n} R_i(t) = \prod_{i=1}^{n} e^{-\lambda_i t} = e^{-\sum_{i=1}^{n} \lambda_i t} = e^{-\lambda_s t} \tag{8-21}$$

在式（8-21）中，$\lambda_s = \lambda_1 + \lambda_2 + \cdots + \lambda_n$，即系统的失效率等于各元件的失效率之和，同时也表明系统的寿命也是服从指数分布。

由式（8-17）可知：

$$m_s = \frac{1}{\lambda_s} = \frac{1}{\lambda_1 + \lambda_2 + \cdots + \lambda_n} \tag{8-22}$$

系统的不可靠度为：

$$F_s(t) = 1 - R_s(t) = 1 - e^{-\lambda_s t}$$

在 $e^{-\lambda_s t}$ 的泰勒展开式中，当 $\lambda_s t$ 较小时，略去其高次项，则：

$$F_{\mathrm{s}}(t) \approx \lambda_s t = \sum_{i=1}^{n} \lambda_i t \approx \sum_{i=1}^{n} F_i(t) \qquad (8\text{-}23)$$

式（8-23）表明，当失效率较小时，串联系统的不可靠度近似等于各元件的不可靠度之和。

对于串联系统，提高其可靠度的办法是提高各元件的可靠度或减少串联元件的数量。

8.2.3　并联系统的可靠性模型及计算

一个由 n 个元件组成的系统，只有所有元件都失效，系统才会失效。无论系统结构如何，该系统的可靠性框图都是并联系统，如图8-9所示。

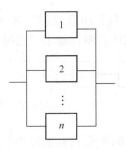

图8-9　并联系统的可靠性框图

在并联系统中，系统失效意味着所有元件都失效。若系统中各单元的状态是相互独立的，则系统的不可靠度为：

$$F_{\mathrm{s}}(t) = \prod_{i=1}^{n} F_i(t)$$

系统的可靠度为：

$$R_{\mathrm{s}}(t) = 1 - F_{\mathrm{s}}(t) = 1 - \prod_{i=1}^{n} F_i(t) = 1 - \prod_{i=1}^{n} \left[1 - R_i(t) \right]$$

如果各元件的寿命都服从指数分布，则有：

$$R_i(t) = \mathrm{e}^{-\lambda_i t}$$

$$R_{\mathrm{s}}(t) = 1 - \prod_{i=1}^{n} \left[1 - R_i(t) \right] = 1 - \prod_{i=1}^{n} \left(1 - \mathrm{e}^{-\lambda_i t} \right)$$

假设各元件的寿命都服从同一指数分布，即有 $\lambda_1 = \lambda_2 = \cdots = \lambda_n = \lambda$ ，则：

$$R_{\mathrm{s}}(t) = 1 - (1 - \mathrm{e}^{-\lambda t})^n \qquad (8\text{-}24)$$

$$m_{\mathrm{s}} = \int_0^{\infty} \left[1 - (1 - \mathrm{e}^{-\lambda t})^n \right] \mathrm{d}t = \frac{1}{\lambda} + \frac{1}{2\lambda} + \cdots + \frac{1}{n\lambda} \qquad (8\text{-}25)$$

式（8-24）和式（8-25）表明，系统并联的元件越多，系统可靠度越大，平均寿命越长。但随着并联元件数量的增加，系统寿命的增量将逐渐递减。

实际系统的可靠性框图，可能是一个既包括串联，也包括并联的混联系统。在求这种系统的可靠度时，是先并联，还是先串联，按照层次关系，由低到高逐步计算可靠度。

8.2.4　表决系统的可靠性模型及计算

组成系统的 n 个元件中，至少有 $k(1 \leqslant k \leqslant n)$ 个正常，系统才能正常工作，把这样的

系统称为 k/n（G）表决系统，如图（8-10）所示。

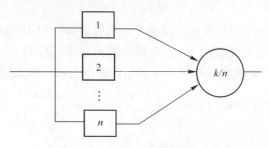

图 8-10　表决系统的可靠性框图

在 k/n（G）表决系统中，如果 $k = 1$，则系统为并联系统，如果 $k = n$，则系统为串联系统，即串联系统是 n/n（G）表决系统，并联系统是 $1/n$（G）表决系统。

假设系统中各元件之间是相互独立的，且各单元的可靠度均为 $R(t)$，则系统的可靠度（即 n 个元件中至少有 k 正常的概率）为：

$$R_{\frac{k}{n}}(t) = \sum_{i=k}^{n} C_n^i R^i(t) \left[1 - R(t)\right]^{n-i} \tag{8-26}$$

当 $R(t) = \mathrm{e}^{-\lambda t}$ 时，有：

$$R_{\frac{k}{n}}(t) = \sum_{i=k}^{n} C_n^i \mathrm{e}^{-i\lambda t} (1 - \mathrm{e}^{-\lambda t})^{n-i}$$

平均寿命为：

$$m_s = \sum_{i=k}^{n} C_n^i \int_0^{\infty} \mathrm{e}^{-i\lambda t} (1 - \mathrm{e}^{-\lambda t})^{n-i} \mathrm{d}t = \sum_{i=k}^{n} \frac{1}{i\lambda}$$

8.2.5　储备系统的可靠性模型及计算

组成系统的 n 个元件中只有一个元件在工作，当工作元件出故障时，通过故障监测和转换装置，用下一个元件代替故障元件进行工作，这样的系统称为储备系统（或冷储备系统），如图 8-11 所示。

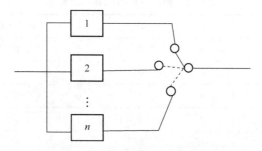

图 8-11　储备系统的可靠性框图

设备元件的寿命与平均寿命分别为 T_i 与 m_i，则系统的可靠度及平均寿命分别为：

$$R_s(t) = P\{T_1 + T_2 + \cdots + T_n > t\}$$
$$m_s = m_1 + m_2 + \cdots + m_n$$

若各元件的寿命服从同一指数分布，可靠度为：

$$R(t) = \mathrm{e}^{-\lambda t}$$

由于系统工作到时间 t 时，系统元件的失效数服从参数为 λt 的泊松分布，因此只要到达时间 t 时，系统元件的失效数小于 n，系统就处于正常工作状态，所以系统可靠度等于参数为 λt 的泊松分布中失效数为 0 到 $n-1$ 的事件概率之和，即系统可靠度为：

$$R(t) = \mathrm{e}^{-\lambda t}\left[1 + \lambda t + \frac{(\lambda t)^2}{2!} + \cdots + \frac{(\lambda t)^{n-1}}{(n-1)!} \right] \tag{8-27}$$

系统的平均寿命：

$$m_{\mathrm{s}} = nm = \frac{n}{\lambda}$$

8.2.6 桥式网络系统的可靠性模型及计算

有些系统的功能关系图，既不是串联系统，也不是并联系统，而是桥式系统，如图 8-12 所示。

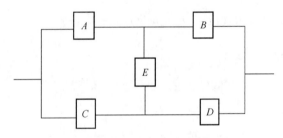

图 8-12 桥式网络系统

为了简便起见，将元件与系统所处的不同状态列举见表 8-1。用 R_A 表示元件 A 处于正常状态，用 F_A 表示元件 A 处于失效状态。元件的两种状态，像开关的开与合，则系统工作正常是指网络图中从左到右有通路。由表 8-1 可知，桥式网络系统的可靠度 $R(t)$ 等于表中系统状态为 R 的概率之和，其中元件的两种状态，用 "0" 和 "1" 表示。

表 8-1 桥式网络系统状态及概率

序号	A	B	C	D	E	系统状态	概率
1	0	0	0	0	0	F	$F_A F_B F_C F_D F_E$
2	0	0	0	0	1	F	$F_A F_B F_C F_D R_E$
3	0	0	0	1	0	F	$F_A F_B F_C R_D F_E$
4	0	0	0	1	1	F	$F_A F_B F_C R_D R_E$
5	0	0	1	0	0	F	$F_A F_B R_C F_D F_E$
6	0	0	1	0	1	F	$F_A F_B R_C F_D R_E$
7	0	0	1	1	0	R	$F_A F_B R_C R_D F_E$
⋮	⋮	⋮	⋮	⋮	⋮	⋮	⋮
32	1	1	1	1	1	R	$R_A R_B R_C R_D R_E$

8.3 事件树与故障树分析

8.3.1 事件树分析法

事件树分析法起源于决策树分析，它按事故发展的时间顺序，由初始事件开始依次推断可能导致的各种后果，并对事故源进行全面辨识。该方法将可能发生的系统事故与导致事故发生的各事件之间的逻辑关系用事件树来表示，对各事件序列导致事故的程度进行定性分析，找出导致事故的各事件序列，并对各种事件序列发生的概率进行估算，以便对事故发生的原因进行全面把握，为事故管理提供科学依据。事件树分析法在航空、核电、化工、机械及交通等各领域得到广泛应用，是指导系统可靠性设计及系统安全运行的实用方法。

事件树分析法的主要内容：

（1）寻找和确定导致事故的原因事件，并按时间顺序依次排列。

（2）绘制事件树并合理简化。

（3）计算各事件及系统失效的概率。

[例8-4] 某煤气报警与安全系统由四个部件构成，它们分别为传感器（A）、控制器（B）、电磁阀（C）与排风扇（D）。当室内煤气泄漏时，传感器检测到漏气信号后，控制器报警并发出关闭电磁阀与启动排风信号。若煤气泄漏后，煤气关闭同时排风扇启动，则称为系统处于成功状态（S）；煤气关闭与排风扇启动只实现其中之一，则称为系统处于部分成功状态（P）；煤气未关闭同时排风扇未启动，则称为系统处于失效状态（F）。假设系统各部件处于正常状态的概率为0.988，事件树分析图如图8-13所示，试计算系统处于三种不同状态的概率。

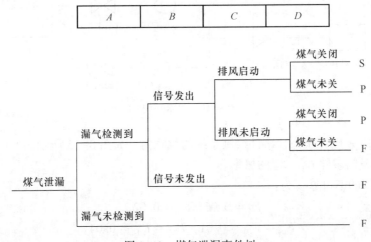

图8-13 煤气泄漏事件树

解：在分析过程中，用 A、B、C、D 分别表示四个部件处于正常状态，用 $\overline{A}$、$\overline{B}$、$\overline{C}$、$\overline{D}$ 分别表示4个部件处于失效状态，从图8-13可得：

$$P(S) = P(A)P(B)P(C)P(D) = 0.988^4 \approx 0.953$$

$$P(P) = P(A)P(B)P(C)P(\overline{D}) + P(A)P(B)P(\overline{C})P(D)$$
$$= 2 \times 0.988^3(1 - 0.988) \approx 0.023$$

$$P(F) = P(A)P(B)P(\overline{C})P(\overline{D}) + P(A)P(\overline{B}) + P(\overline{A})$$
$$= 0.988^2(1 - 0.988)^2 + 0.988(1 - 0.988) + (1 - 0.988)$$
$$\approx 0.024$$

在上述例子中，各原因事件的发生对系统失效的作用是不一样的，当 A 或 B 失效时，系统完全失效，而当 C 或 D 其中之一失效时，系统只是部分失效。

事件树分析法可以用于事前全面分析事故因素，估计事故的各种可能后果，也可用于事后分析事故原因，制定预防类似事故的对策。

8.3.2 故障树分析法

故障树分析法是从可能发生的故障（称为顶事件）开始，自上而下、一层层地寻找导致顶事件发生的直接原因与间接原因事件，直到找出所有基本原因事件（称为底事件），并用逻辑图（即故障树）把这些事件之间的逻辑关系表达出来。

故障树是一种倒立的树状逻辑因果关系图，它用事件符号、逻辑门符号（与门、或门等）和转移连线来描述系统中各种事件之间的因果关系，其中顶事件用方框表示，底事件用圆圈表示，逻辑门用三角形表示。逻辑门的输入事件是输出事件的"因"，逻辑门的输出事件是输入事件的"果"。

[**例 8-5**] 设有一供水系统如图 8-14 所示，水箱 A 的可靠度 R 为 0.94，阀门 B 的可靠度为 0.98，两支路水泵 C_1、C_2 的可靠度为 0.99，两支路阀门 D_1、D_2 的可靠度为 0.96，则供水系统故障（即 E 侧无水）的概率是多少？

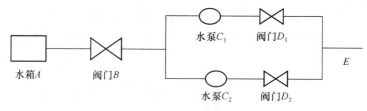

图 8-14 供水系统

解：（1）以 E 侧无水为顶事件绘制系统的故障树，如图 8-15 所示。

（2）计算或门事件 G_2、G_3 的概率。

由于各部件的不可靠度为：

$$F_A = 0.06, \ F_B = 0.02,$$
$$F_{C_1} = F_{C_2} = 0.01, \ F_{D_1} = F_{D_2} = 0.04$$
$$F_{G_2} = F_{C_1} + F_{D_1} - F_{C_1}F_{D_1}$$
$$= 0.01 + 0.04 - 0.01 \times 0.04$$
$$= 0.0496$$
$$F_{G_3} = 0.0496$$

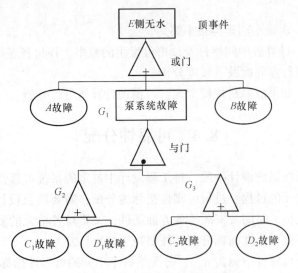

图 8-15　供水系统的故障树分析

（3）计算与门事件 G_1 的概率：

$$F_{G1} = F_{G_2}F_{G_3} = 0.0496 \times 0.0496$$
$$=0.00246$$

（4）计算顶事件发生的概率：

$$F_{顶} = F_A + F_B + F_{G_1} - (F_A F_B + F_B F_{G_1} + F_A F_{G_1}) + F_A F_B F_{G_1}$$
$$=0.0824 - 0.01397 + 0.00003$$
$$=0.08106$$

即系统的可靠度为：

$$R = 1 - F_{顶} = 0.91894$$

系统的设计人员、使用与维修人员都需要知道系统的哪些底事件都发生会导致系统故障，至少哪些底事件不发生才能保障系统正常，这就需要定义：

（1）割集：凡是能导致顶事件发生的底事件的集合，在图 8-14 中，以下的集合就是割集，如 $[A]$、$[B]$、$[C_1, D_2]$、$[C_2, D_1, C_1]$ 等。

（2）最小割集：去掉其中任何一个底事件就不再成为割集的割集，如图 8-14 中的集合 $[A]$、$[B]$、$[C_1, D_2]$、$[C_2, D_1]$ 等。

（3）路集：是底事件的集合，且每一底事件不发生，则顶事件不发生，如图 8-14 中的集合 $[A, B, C_1, C_2, D_1]$、$[A, B, C_2, D_1, D_2]$ 等。

（4）最小路集：去掉其中任何一个底事件就不再成为路集的路集，如图 8-14 中的集合 $[A, B, C_1, D_1]$、$[A, B, C_2, D_2]$ 等。

系统的全体最小割集构成系统的故障谱；系统的全体最小路集构成系统的成功谱。

故障树分析法的主要步骤为：

（1）熟悉系统：了解系统的状态及各种参数，收集故障案例，进行故障统计，对故障进行全面分析，找出后果严重且较易发生的故障作为顶事件。

（2）绘出故障树：调查与故障有关的所有底事件及各种因素，画出故障树并对故障树结构进行必要的简化。

（3）定性分析：求最小割集与最小路集。

（4）定量计算：计算各中间事件及顶事件发生的概率，评价各底事件对顶事件影响的重要程度，必要时进行重要度及灵敏度分析。

在实际问题中，如果故障树规模太大，可借助计算机进行分析。

8.4 可靠性分配

可靠性分配是指在系统设计阶段，将工程设计中规定的系统可靠性指标合理地分配给组成该系统的各个单元的过程。进行可靠性指标的分配，需要顾及设计、制造、使用、维修过程中的技术、人员、时间及资源等各方面条件，又要对各单元的复杂度、重要度等方面进行综合衡量，因此可靠性指标分配往往要经历多次反复。

假设规定的系统可靠性指标为 R_s^* ，分配给各个单元的可靠性指标为 R_i ，其中 $i = 1$ ，2 ，$\cdots$ ，n ，则需要满足：

$$R_s(R_1, R_2, \cdots, R_n) \geqslant R_s^* \tag{8-28}$$

式中　$R_s(R_1, R_2, \cdots, R_n)$ ——按分配给各单元的可靠度计算的系统可靠度。

可靠性分配方法有多种，下面介绍几种常用方法。

8.4.1 等分配法

等分配法将系统规定的可靠度相等地分配给各单元。

当串联系统各单元的复杂度、重要度及制造成本近似相等时，可采用等分配法分配系统可靠度，即各单元的可靠度为：

$$R_i = \sqrt[n]{R_s^*} \ (i = 1, 2, \cdots, n) \tag{8-29}$$

当系统的可靠度要求很高，而现有的单元不能满足这一要求时，需要将多个相同的单元并联起来，即有：

$$R_s^* = 1 - (1 - R_i)^n$$

$$R_i = 1 - \sqrt[n]{1 - R_s^*} \ (i = 1, 2, \cdots, n) \tag{8-30}$$

[例8-6] 规定系统的可靠度为 0.9，选用可靠度相同的两个单元分别进行串联和并联工作时，则两种情况下，各单元的可靠度应为多少？

解：串联工作时，单元的可靠度应为：

$$R_1 = R_2 = \sqrt{0.9} = 0.9487$$

并联工作时，单元的可靠度应为：

$$R_1 = R_2 = 1 - \sqrt{1 - 0.9} = 0.6838$$

8.4.2 比例分配法

8.4.2.1 相对失效率法

对于串联系统，如果各单元的寿命均服从指数分布，则系统的可靠度为：

$$R_s(t) = \mathrm{e}^{-\lambda_1 t} \mathrm{e}^{-\lambda_2 t} \cdots \mathrm{e}^{-\lambda_n t} = \mathrm{e}^{-\lambda_s t} \tag{8-31}$$

即有
$$\lambda_s = \lambda_1 + \lambda_2 + \cdots + \lambda_n$$

各单元的相对失效率为：

$$\gamma_i = \frac{\lambda_i}{\lambda_s}$$

若系统的规定可靠度为 $R_s^*(t)$，则由式（8-31）可得，系统规定的失效率为：

$$\lambda_s^* = - \frac{\ln R_s^*(t)}{t}$$

则分配给各单元的失效率应为：

$$\lambda'_i = \gamma_i \lambda_s^* = \frac{\lambda_i}{\lambda_s} \lambda_s^*$$

因而分配给各单元的可靠度为：

$$R'_i(t) = e^{-\lambda'_i t}$$

[**例 8-7**] 已知三个单元组成的串联系统中，各单元寿命均服从指数分布，工作到 100h 时，各单元的可靠度为 $R_1(100) = 0.9$，$R_2(100) = 0.85$，$R_3(100) = 0.75$。现在要求系统工作到 100h 的时候，其可靠度为 0.75，试用相对失效率法分配可靠度。

解：（1）系统的可靠度为：
$$R_s(100) = 0.9 \times 0.85 \times 0.75 = 0.574 < 0.75$$

（2）系统各单元的失效率为：
$$\lambda_1 = - \frac{\ln 0.9}{100} = 1.054 \times 10^{-3}$$

$$\lambda_2 = - \frac{\ln 0.85}{100} = 1.625 \times 10^{-3}$$

$$\lambda_3 = - \frac{\ln 0.75}{100} = 2.877 \times 10^{-3}$$

则系统的失效率为：

$$\lambda_s = 5.556 \times 10^{-3}$$

（3）系统各单元的相对失效率为：

$$\gamma_1 = \frac{\lambda_1}{\lambda_s} = 0.19$$

$$\gamma_2 = \frac{\lambda_2}{\lambda_s} = 0.292$$

$$\gamma_3 = \frac{\lambda_3}{\lambda_s} = 0.512$$

（4）由于系统的失效指标为：

$$\lambda_s^* = - \frac{\ln R_s^*(100)}{100} = 2.877 \times 10^{-3}$$

则分配给各单元的失效率应为：
$$\lambda'_1 = \gamma_1 \lambda_s^* = 0.19 \times 2.877 = 5.466 \times 10^{-4}$$
$$\lambda'_2 = \gamma_2 \lambda_s^* = 0.292 \times 2.877 = 8.4 \times 10^{-4}$$

$$\lambda'_3 = \gamma_3 \lambda_s^* = 0.512 \times 2.877 = 1.47 \times 10^{-3}$$

分配给各单元的可靠度相应为：

$$R'_1(100) = e^{-\lambda'_1 \times 100} = 0.947$$

$$R'_2(100) = 0.919$$

$$R'_3(100) = 0.852$$

8.4.2.2　相对失效概率法

串联系统的可靠度为：

$$R_s = R_1 R_2 \cdots R_n = (1 - F_1)(1 - F_2) \cdots (1 - F_n)$$

由式（8-23）可知，系统的不可靠度为：

$$F_s = 1 - R_s \approx F_1 + F_2 + \cdots + F_n \tag{8-32}$$

各单元的相对失效概率为：

$$\gamma_i = \frac{F_i}{F_s}$$

若规定的系统可靠性指标为 $R_s^*(t)$，即系统的失效概率指标为：

$$F_s^* = 1 - R_s^*$$

则分配给各单元的失效概率为：

$$F'_i = \gamma_i F_s^* = \frac{F_i}{F_s} F_s^*$$

因而分配给各单元的可靠度为：

$$R'_i = 1 - F'_i$$

[**例 8-8**] 已知三个单元组成的串联系统，各单元的可靠度分别为 0.98，0.96，0.94，现要求系统的可靠度为 0.96，试用相对失效概率法分配可靠度。

解：计算相对失效概率，由于系统的不可靠度为：

$$F_s = F_1 + F_2 + F_3 = 0.02 + 0.04 + 0.06 = 0.12$$

各单元的相对失效概率为：

$$\gamma_1 = \frac{F_1}{F_s} = \frac{0.02}{0.12} = \frac{1}{6}$$

$$\gamma_2 = \frac{0.04}{0.12} = \frac{1}{3}$$

$$\gamma_3 = \frac{0.06}{0.12} = \frac{1}{2}$$

由于规定的系统可靠性指标为 $R_s^* = 0.96$，即系统的失效概率指标为：

$$F_s^* = 1 - R_s^* = 0.04$$

则分配给各单元的失效概率应为：

$$F'_1 = \gamma_1 F_s^* = \frac{1}{6} \times 0.04 = 0.0067$$

$$F'_2 = \frac{1}{3} \times 0.04 = 0.0133$$

$$F'_3 = \frac{1}{2} \times 0.04 = 0.02$$

而分配给各单元的可靠度为：

$$R'_1 = 1 - F'_1 = 0.9933$$
$$R'_2 = 0.9867$$
$$R'_3 = 0.98$$

此时有：

$$R'_s = R'_1 R'_2 R'_3 = 0.964087 \geqslant R_s^*$$

8.4.3　加权分配法

加权分配法是一种考虑了子系统（或单元）的重要度与复杂度的分配方法，各子系统的复杂度定义为：

$$\frac{N_i}{N} = \frac{N_i}{\sum_{i=1}^{n} N_i} (i = 1, 2, \cdots, n)$$

式中　N_i ——各子系统的元件个数；

　　　N ——系统所有元件个数。

各子系统的重要度定义为：

$$w_i = \frac{\text{由于第 } i \text{ 个子系统失效引起的系统失效次数}}{\text{第 } i \text{ 个子系统的总失效次数}}$$

假设各子系统的寿命均服从指数分布，其可靠度为：

$$R_i(t) = \mathrm{e}^{-\lambda_i t} (i = 1, 2, \cdots, n)$$

对于串联系统，在考虑重要度之后，可以把系统看成一个等效的串联系统，系统的可靠度为：

$$R_s(t) = \prod_{i=1}^{n} R_i(t)$$

其中　　　　　　　$$R_i(t) = 1 - w_i F_i(t) \tag{8-33}$$

$F_i(t)$ 是第 i 个子系统的失效概率，式（8-33）成立是由于重要度的定义而导致。

$$
\begin{aligned}
R_s(t) &= \prod_{i=1}^{n} (1 - w_i F_i(t)) \\
&= \prod_{i=1}^{n} (1 - w_i (1 - R_i(t))) \\
&= \prod_{i=1}^{n} (1 - w_i (1 - \mathrm{e}^{-\lambda_i t})) \\
&= \prod_{i=1}^{n} (1 - w_i \lambda_i t) \text{（由于当 } x \text{ 较小时，} \mathrm{e}^{-x} = 1 - x\text{）} \\
&= \prod_{i=1}^{n} \mathrm{e}^{-w_i \lambda_i t} \text{（再利用 } \mathrm{e}^{-x} = 1 - x\text{）}
\end{aligned}
$$

如果采用等分配法，若规定的可靠度指标为 $R_s^*(t)$，则：

$$R'_i = R_s^{*\frac{1}{n}} = e^{-w_i\lambda'_it}$$

$$\lambda'_i = -\frac{1}{n} \times \frac{\ln R_s^*}{w_it}$$

如果各子系统又是由 N_i 个元件组成，复杂度为 $\dfrac{N_i}{N}$，系统总元件数为：

$$N = \sum_{i=1}^{n} N_i$$

则有：

$$R'_i = R_s^{*\frac{N_i}{N}} = e^{-w_i\lambda_it} \qquad\qquad (8-34)$$

$$\lambda'_i = -\frac{N_i}{N} \times \frac{\ln R_s^*}{w_it}$$

习　题

8-1　系统可靠性研究的作用与重要性是什么？

8-2　度量系统可靠性的指标有哪些，它们之间有什么关系？

8-3　比较冷储备与热储备系统的优缺点。

8-4　将可靠度相同的 n 个元件，分别设计成串联、并联、$k/n(G)(1<k<n)$ 与储备系统，则系统可靠度的大小关系怎样？

8-5　设由三个相同的元件构成的系统，至少要有两个元件正常工作，系统才能正常运行，如果各单元的寿命均服从指数分布，且 $MTTF$ 为1600h，则系统工作到500h与2000h的时候系统可靠度分别为多少？

8-6　如图8-16所示，系统各单元的工作状态相互独立，各单元可靠度分别为 $R_1=R_2=0.7$，$R_3=R_4=0.8$，$R_5=R_6=0.8$，则系统可靠度为多少？

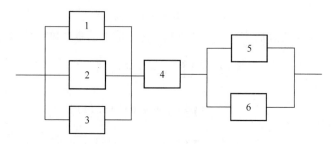

图8-16　混联系统可靠性

8-7　四个寿命服从指数分布的单元组成串联系统，每单元的失效率分别为 0.003（h^{-1}）、0.002（h^{-1}）、0.004（h^{-1}）、0.007（h^{-1}），如果要求系统的失效率为 0.01（h^{-1}），用相对失效率法分配可靠度时，则各单元的可靠度分别为多少？

8-8　某系统由4个子系统串联而成，各子系统又由若干小单元构成，其基本数据见表8-2。当要求系统的可靠度为0.9时，求各子系统的可靠度。

表 8-2　子系统基本情况

子系统	1	2	3	4
单元数/件	20	30	200	50
重要度	0.7	0.5	0.8	0.2

8-9　提高可靠性的技术措施有哪些，试分析如何对系统一生进行可靠性管理。

9 系统工程应用

为把我国建设成繁荣富强的国家，各行各业都需要建设新的系统，或者对不适应环境的系统进行现代化改造。在经济领域，一般把系统规模小于或等于企业级的系统称为微观系统，规模大于企业级的系统称为宏观系统。这表明对经济系统的分析，需要首先确定其所处的层次。本章中的工业与系统工程主要对工业系统及其发展进行宏观层次的分析，而设备工程则着重对微观层次的企业设备进行系统分析。学习本章的目的是为了培养用系统的观点和方法认识工业及设备系统问题，运用系统工程方法分析与解决这些大型复杂系统的建设、完善及更新发展方面的问题。

9.1 工业与系统工程

9.1.1 工业及工业系统概述

随着生产力的发展和社会分工的出现，产业开始形成并逐步发展。早在原始社会末期，畜牧业与农业的分离，出现了第一次社会大分工。随着金属工具的使用，手工业从农业中分离出来，形成了第二次社会大分工。在两次社会大分工之后，商品交换的规模不断扩大，产生了商人，商业也与其他产业相分离，形成了第三次社会大分工。

我国把全部经济活动划分为三大产业。第一产业（农业）包括种植业、林业、畜牧业、渔业和副业；第二产业（工业）包括采掘业和制造业（或者分为重工业、轻工业和化学工业）；第三产业（流通业与服务业）包括四个层次：第一层次为流通业，包括交通运输业、仓储销售业、餐饮业、邮电通信业等；第二层次为服务业，包括金融业、保险业、房地产业、公共事业等部门；第三层次为提高国民文化水平及身体素质服务的教育、文化、影视、科研、卫生及体育等部门；第四层次为国家党政机关、社会团体、军队警察等部门。

在工业革命前，工业生产方式主要是工场手工劳动。18世纪后半叶英国发生了第一次工业革命，它以纺织机器的发明和应用为序幕，以蒸汽机的发明并将其作为动力机被广泛应用为标志，使原来以手工技术为基础的工场手工业逐步转变为机器大工业，工业最终从农业中分离出来成为一个独立的物质生产部门。19世纪60年代到20世纪初，随着欧美国家资本主义经济的发展，自然科学取得了重大进步，工程技术也取得了一系列突破，在这一时期发明了电机、电灯、电话、电报，并实现了远距离送电，同时也发明了内燃机及燃油汽车、远洋轮船、飞机等交通工具，实现了第二次工业革命，使工业由蒸汽时代步入了电气时代。第二次工业革命使冶金工业、煤炭工业、机械制造业得到新的发展，并且导致了石油工业、电气工业、化学工业、汽车制造业、通信业及航空业等工业部门的出现，同时科学管理在这一时期也相继产生了。从20世纪40年代开始，计算机、原子能、空间技术和生物技术等领域取得重大突破，标志着第三次工业革命的诞生。原有的生产机器增加控制机构后变成了自动化机器，它使工业生产进入了自动化（数字化）时代。第三次工业革命使工业结构再次发生变革，产生了许多技术密集型工业部门，如电子工业、原子能工业、航天工业和高分子材料工业等，同时由于集成电路、计算机的出现，使信息产业得到飞速发展。当前以大数据、云计算、移动互联网、物联网、人工智能、量子通信等新一代信息技术为中心，包括新材料、新能源、机器人及基因工程等新兴技术和新兴工业的第四次工业革命已经悄然兴起，信息技术与制造、材料、能源、生物等技术的交叉渗透日益深化，智能控制、智能材料、生物芯片等技术正在兴起，人类社会在经历了机械化、电气化、数字化时代后，正在向智能化时代迈进。

工业是从自然界获取物质资料和对原材料进行加工的物质生产部门，工业生产过程主要是物理变化或化学变化过程。工业系统（即工业产业系统）是人造的复杂经济系统，它是由相互作用和相互依赖的三类要素组成的具有独特功能的有机整体，三类要素为：（1）土地、建筑物、构筑物、生产设备、动力设备、供水供气设施、运输设备及设施等有形要素；（2）资金、管理、技术、市场与信息等无形要素；（3）人力要素（管理人员、技术人员与生产人员）。工业系统也是一定环境条件下的开放系统，其环境因素包括自然、经济、技术、管理、社会人文等方面。工业系统的输入主要是各种物料和能源，输出为工业产品及废物（废气、废水、固体废弃物等）。自从大机器生产时代开始，工业生产就开始逐渐形成自身的特性，即工业生产要求有专门的技术、专门的装备、专门的技能及专门的产品，或者说工业生产的劳动者、劳动手段及劳动对象都具有专有性，这表明工业系统是国民经济系统中独立的物质生产系统。

随着科学技术的进步，工业系统的规模逐步发展壮大，工业内部的分工也不断细化，新的工业部门不断涌现。按2017我国工业分类标准，工业分为采掘工业与加工工业，其中采掘工业分为7大类，加工工业分为34大类，共41个大类，也可将工业的每一大类继续分成若干种类，共有212个中类，进一步还可将它们分为548个小类。如今的工业系统已是由许多不同的部门与层次组成的复杂系统，各产业部门之间关系错综复杂，既有产业部门之间的横向联系，也有产业部门之间的投入和产出纵向联系，如轻工业与重工业之间的关系、采掘工业与加工业之间的关系等。

9.1.2 我国工业发展历程

世界工业经历了几百年的发展历程，其间经历了多次技术革命。在我国，鸦片战争以后，西方资本主义入侵，开始在国内设立外资工厂。19世纪60年代开始许多仁人志士积极倡导爱国救亡运动，发起了洋务运动，开始创办机器工业，兴建了江南机器制造总局、福州船政局、天津机器制造局、湖北枪炮厂及安庆军械所等大型官办工厂，也兴建了汉阳铁厂、上海机器织布局、武昌织布官局和兰州织呢局等官办或官督商办企业，同时一些商办工厂如继昌隆缫丝厂也相继产生。我国民族工业是在甲午战争以后才开始得到初步发展，并逐步由沿海、沿江向内地延伸。直到辛亥革命推翻了封建帝制，民族工业生存的制度环境才得到改变，涌现了一批有识之士，如周学熙、张謇、卢作孚、范旭东、刘鸿生、荣宗敬和荣德生等人，他们倡导发展实业，使我国民族工业得到进一步发展。在抗日战争与解放战争时期，民族工业的发展受到严重阻碍，在帝国主义和官僚资本的压迫下，我国民族工业日益萎缩。新中国成立后的 1952~1956 年，我国完成了对农业、手工业和资本主义工商业的社会主义改造，把手工业从生产合作小组发展为手工业供销合作社，再发展为手工业生产合作社；对工商业则采取了和平赎买的政策，将其改造成社会主义公有制企业。在第一个五年计划期间，我国从苏联与东欧国家引进了 156 项重点建设项目，同时配套建设了其他相关大中型项目，通过自力更生，艰苦奋斗，逐步建立了我国的工业体系。1956 年党的八大提出了集中力量发展生产力，实现国家工业化的目标，十一届三中全会以后，国家制定了把工作重心转移到经济建设上来的方针，我国工业从此进入了全面快速发展的新时期。改革开放后 40 多年来，我国工业增加值年均增长约 10.8%（GDP 年均增长约 9.5%），该时期工业发展大致经历了三个阶段：

（1）第一阶段（2000 年以前）是工业劳动密集型产业主导发展阶段，也是轻重工业同步发展阶段，在技术上主要以引进学习为主。

（2）第二阶段（2001~2014 年）是工业资本密集型产业主导发展阶段，正逢我国加入世界贸易组织，也是我国工业在社会主义市场经济条件下加速发展时期，技术上以自主研发为主。2010 年我国工业产值首次超越美国，成为第一大工业国。党的十八大以来，中央做出经济发展进入新常态（即由高速向中高速发展状态）的重要判断，我国工业发展从规模、速度的发展轨道转向质量、效益的发展轨道，从高速度发展转向高质量发展。

（3）第三阶段（2015 年以后）是工业技术密集型产业主导发展阶段，也是推动工业发展的新旧动能加快转换阶段，该时期要实现工业战略性新兴产业和技术密集型产业加速发展，助力我国工业迈向中高端水平。

新中国成立以来，我国建立了较为完整的工业体系。尤其是改革开放以来，我国工业持续高速发展，有力地推动了国民经济的快速增长，提升了我国的综合国力。

目前，我国工业生产系统已经发展成为体系完整、层次结构复杂的大型巨系统，具有投资规模大、时间跨度长、涉及各级各类人员众多等特点。

9.1.3　我国工业发展的认识

我国经济已由高速增长阶段转向高质量发展阶段，正处在转变经济发展方式、优化经济结构、转换增长动力的攻关期。工业也是我国经济的主体部分，因此促进工业高质量发展是建设高度发达经济体系的基础与关键。工业是我国现代化建设的基础及支柱，为了实现到 21 世纪中叶把我国建设成富强民主文明的现代化强国的目标，促进工业高质量发展是必由之路。因此，在建设现代化强国的新征程中，必须充分认识工业的基础地位与关键作用。

（1）工业是国民经济的主导：工业是国民经济中极其重要的物质生产部门。工业不断为国民经济各部门提供先进的技术装备，各部门利用先进技术装备进行生产，使国民经济得到发展；工业在为人们提供各种工业消费品的同时，还为国民经济各部门提供能源和原材料；工业也是国家财富积累的主要源泉。当前，在促进一、二、三产业协调发展的过程中，不能仅仅追求产业结构高级化，而忽视工业的高质量发展。

（2）工业是技术创新的主要领地：技术创新是推动经济增长的根本动力，工业是技术创新的核心领地。当前发达国家重新重视工业的发展，并适时提出了再工业化（是以信息技术主导驱动、智能制造为先导的工业化）战略。我国虽然是工业大国，但还不是工业强国。目前正处于工业化后期，工业发展还不平衡、不充分，如果过早地去工业化，有可能导致工业化进程的中断，使技术革新停滞不前。现代农业、运输业、通讯业等非工业部门的转型发展，工业在其中也起着核心作用。

（3）工业是实现经济社会可持续发展的保证：可持续发展是指既满足当代人的需求，又不损害后代人满足其需求的发展，是科学发展观的基本要求。改革开放以来，尽管我国一直强调坚持走资源节约、环境友好的新型工业化道路，但是，在经济高速发展的过程中，不可避免地留下传统工业化道路的痕迹，即资源消耗过度、环境污染严重等问题。这些现象主要是由于科技水平低、治理能力不足等历史原因造成的，而要解决这类资源环境问题，离不开工业技术进步与创新，因此工业发展是可持续发展的重要保证。

世界强国的发展历程和我国民族的奋斗历程证明，没有强大的工业，就没有国家和民族的强盛。我国作为世界上最大的发展中国家，在工业各领域取得高速发展的同时，必须保持清醒认识：不能单纯追求产业结构的高级化，而削弱了工业的主体地位；也不能忽视各产业之间的协调发展；更不能脱离工业实体经济，盲目追求发展虚拟经济。

9.1.4 我国工业发展现状及存在问题

改革开放 40 年来的发展，使我国工业化进程得到快速推进，大量工业产品产量位居世界前列，奠定了工业大国地位。

我国工业在载人航天、载人深潜、大飞机、北斗导航、超级计算机、高铁、大型发电机、特高压输电、深海钻探等许多领域取得了突破，培养了若干具有国际竞争力的优势产业。然而在工业发展取得辉煌成就的同时，更应清醒地认识到我国工业化进程并没有完成。

2008 年国际金融危机爆发后，为了稳增长，我国采取了积极的财政政策与扩张的货币政策，这些政策对促进经济增长起到了积极作用。然而，2010 年以后，当继续采取稳增长措施时，经济增速呈现下行趋势，这表明积极财政政策与扩张货币政策的边际效应在逐步递减，同时我国的社会消费品零售增速与出口增速也伴随全球贸易增速的回落出现下行趋势，说明对投资、出口及消费所进行的需求管理政策难以达到预期效果。由于工业是我国经济的主体，也是经济发展的重要支撑，因此我国工业投资及工业品出口增速与经济增速同步逐年下降，工业增加值增速也呈现下降趋势。产生这一变化现象的原因在于我国工业经过长期高速增长后，其外部形势及内部结构发生了变化：

（1）国际经济环境的变化，许多西方国家经济停滞不前，在对外贸易方面不同程度地采取了贸易保护主义，使我国工业品出口及外商在我国的投资增速下降，同时发展中国家也借全球产业重新布局的机遇，充分利用其成本优势，大力发展劳动密集型制造业，这对国内相关企业造成了新的压力。

（2）我国工业在长期快速发展的情形下，积累了新的结构性问题，这些结构性问题包括工业产业结构、区域结构、要素投入结构、排放结构及工业增长动力结构等方面：工业产业结构问题表现为低附加值、高消耗、高污染、高排放工业的占比偏高，战略性新兴工业的占比偏低；区域结构问题表现为各区域工业发展布局不平衡、不协调，一些欠发达地区的工业化率偏低；要素投入结构问题表现为资源能源、劳动力及资金等要素投入占比偏高，人才、技术及信息等要素投入占比偏低；排放结构问题表现为生产单位产品排放的废水、废气及固体废弃物等污染物的排放比率偏高；工业增长动力结构问题表现为过度依赖工业投资、消费、出口来拉动工业增长。这些问题概括起来，主要表现在以下几个方面。

（1）一些关键领域的技术创新能力不足：近年来我国加大了技术创新投入力度，技术创新能力显著增强，但是与一些工业发达国家相比，在一些关键领域仍然存在一定差距，核心技术受制于人的问题依然存在，以下键领域技术创新能力有待加强。

1）集成电路：近几年，我国每年集成电路进口额超过 3000 亿美元，已远超石油的进口额。集成电路产业是专利密集型高技术产业，我国集成电路企业在设计、制造、封装测试各环节上与国际行业巨头相比，仍存在一定差距，在芯片制造环节差距更明显。

2）工业软件：多年来，我国软件产业取得了长足进步，但在核心技术、产业基础等方面仍然存在短板，大型工业软件、操作系统等基础软件，开发设计能力滞后。

3）工业机器人：工业机器人是集机械、电子、控制、计算机、传感器、人工智能等多学科先进技术于一体的自动化装备，也是现代工业的主要自动化装备。尽管我国掌握了机器人控制系统的软硬件技术，以及系统总体设计与制造技术，但与该领域强国相比，一些关键技术仍缺乏原创性，高精度减速器、伺服电机和控制器等基础部件技术差距依然存在。

4）数控机床：数控机床是集机床、计算机、电动机及拖动、动控制及检测等技术于一体的自动化设备。多年来，我国的数控机床产业取得了很大进步，但也暴露出一些问题。我国每年进口数控机床总金额大约是出口数控机床总金额的 3 倍，进口均价远高于出口均价。

5）关键零部件：一些关键零部件性能、可靠性低于发达国家。

（2）部分行业产能过剩问题严重：按照 2010 年工业和信息化部公布对 18 个工业行业淘汰落后产能的通知，这些行业分别为炼铁、炼钢、焦炭、铁合金、电石、电解铝、铜冶炼、铅冶炼、锌冶炼、水泥、玻璃、造纸、酒精、味精、柠檬酸、制革、印染和化纤。多年来，我国淘汰落后产能成效显著，但是产能过剩问题仍然突出。化肥、水泥、焦炭、卷烟、电冰箱、空调、彩电、钢铁、煤电、电解铝、平板玻璃、船舶等产能利用率均低于75%，明显低于国际通常水平。我国工业产能过剩具有领域广、程度深、易于复发等特点。在去落后产能过程中，煤炭、钢材、水泥、造纸、铝、铜、铅、锌等工业品价格往往出现反弹，这对于去产能是一种考验。近些年部分新兴行业，如光伏、风电、碳纤维、LED 等产业中的低端产品，也出现了产能过剩，因此我国工业要彻底化解产能过剩仍面临一定困难。

（3）部分生产要素成本处于上升趋势：由于我国人口众多，长期以来劳动力与资金成本相对较低、资源环境约束较为宽松，这对工业发展起到了重要推动作用。但是，随着国际国内经济形式发展，各种资源条件发生了变化。

1）我国职工工资保持较高增速水平，单位劳动成本虽然低于美国、日本、德国、韩国等工业化国家，高于越南、印度、印度尼西亚等发展中国家，但与发达国家的劳动成本差距在逐渐缩小，与发展中国家的劳动成本差距还在逐渐扩大。

2）近年来随着城镇化进程的加快，对土地的需求快速增长，工业用地价格在呈上升趋势，使企业固定成本增加。

3）当前工业企业财务费用也处于高位，一些企业融资难的问题依然存在。

4）随着国家生态文明建设的推进，环保要求逐步提高，三废处理的投资增长较快，工业企业的环保成本也随之上升。

（4）工业增长方式相对粗放：长期以来，我国工业发展主要依靠增加人力、资源等要素投入进行规模发展，这难免使各种资源利用效率低下。从国际分工方面来看，我国工业在国际产业价值链中多处于"微笑曲线"底部，即主要处于附加值低的加工装配环节，在附加值高的研发设计与售后服务环节竞争力不如工业强国，因此我国许多传统工业不但利润率低，而且还消耗了大量资源，同时排放了大量的污染物。

（5）国际竞争双端挤压：改革开放以来，我国进出口贸易一直处于增长趋势，已多年稳居第一贸易大国地位，这表明我国工业已逐渐融入了全球分工体系，并正在向全球分工价值链高端攀升。但在攀升过程中，却面临发达国家的高端挤压和新兴经济体低端挤出的双端挤压处境。近年来发达国家纷纷推出再工业化战略，而新兴国家的低劳动力成本对我国工业产品出口和吸引外资产生替代效应，对我国工业发展形成双端挤压。

9.1.5　我国工业发展的趋势与对策

9.1.5.1　工业发展的趋势

新中国成立以来，我国经济取得了举世瞩目的成就，工业经济得到持续高速增长，工业化水平大幅提升，实现了由农业国向工业第一大国的历史性转变。纵观国际国内工业发展历程，工业发展具有以下趋势特征。

A　工业内部各行业分工进一步深化、细化、高级化和全球化

国际金融危机后，许多发达国家不同程度地采取了贸易保护主义。但从长期看，贸易保护措施不会长久，世界各国经济的互补性和全球产业分工进一步深化、细化、高级化和全球化的趋势不会改变。

（1）新技术推动工业内部分工深入发展：如集成电路、互联网、新能源与航空航天等领域的新技术使生产体系内部分工朝纵深方向发展。

（2）全球化使工业分工体系进一步细化：发达国家再工业化战略，鼓励高端工业产业留在国内，而将低端工业布局于发展中国家。当前虽然我国劳动力、土地等要素成本在上升，但由于我国具有一流的基础设施、熟练工人及完善的零部件供应网络，使发达国家将研发设计及高端行业布局在我国的可能进一步增加，这种产业转移使各国工业之间的分工更加细化。

（3）高新技术导致工业分工体系高级化：随着科学技术的进步，当前全球工业分工体系不断向高端化方向升级。当前我国应集中资源，因势利导引导国际高端工业向我国转移，不断吸引科技含量和产品附加值高的先进工业和工业生产的高端环节在我国布局，这有助于加快我国工业产业结构升级。

B　工业与生产性服务业融合

在工业化后期，由于信息技术的发展，工业和生产性服务业的关系日益紧密，企业内部流程与外部流程无缝对接。企业为了提高获利能力，往往将工作重心由产品生产转向客户服务。现代工业企业的竞争力已不仅取决于产品生产，还取决于产品研发、设计及售后服务等全方位服务客户的能力。

C　工业化与信息化融合

信息化是工业化发展到一定阶段的产物，它表现在信息技术广泛应用于经济、社会及文化等各领域，而工业领域信息化是实现新型工业化道路的必然选择，信息技术改变了传统工业的生产经营方式，大大提高了工业生产效率。当前世界各国都把信息化作为引领经济复苏、解决发展问题的重要举措，都在纷纷加快 5G、物联网、智能电网、智能交通等基础设施建设。

D　集约型工业增长方式

集约型工业增长方式是指通过技术与管理手段，提高生产要素质量以及各种资源的利用效率等来实现工业增长的方式。随着工业的不断发展，煤炭、石油、天然气及各种矿物等不可再生资源正逐渐枯竭，工业可持续发展面临重大挑战。要处理好资源与环境问题，必须选择集约型工业发展方式。

9.1.5.2　工业发展对策

为了把我国建设成工业强国，必须抓住机遇，积极应对各种挑战，走中国特色新型工业化道路，坚持创新驱动、质量为先、绿色发展、结构优化、人才为本的方针与理念。坚持遵循市场主导，政府引导；立足当前，着眼长远；整体推进，重点突破的原则。分三阶段逐步实现工业强国的战略目标：2025 年迈入工业强国行列；2035 年达到世界制造强国中等水平；新中国成立一百年时综合实力进入世界制造强国前列。

实现工业强国的战略目标，必须结合我国工业发展现状，坚持问题导向，把握工业发展趋势，制定对策方案，系统实施，按三步目标要求稳步推进。

A　持续淘汰落后产能

淘汰落后产能是实行市场主导原则的客观要求，也是走可持续发展道路的需要。在市场经济环境下，不能满足市场需求、性价比低不具竞争力的产品自然会被市场淘汰，着力推动对高物耗、高能耗、高污染的传统落后产能持续淘汰，使产业迈向高端。

B　推进信息化与工业化深度融合

加快推动新一代信息技术与制造技术融合发展，把智能制造作为两化深度融合的主攻方向；推进生产过程智能化，培育新型生产方式，组织研发具有深度感知、智慧决策、自动执行功能的高档数控机床、工业机器人等智能制造装备及智能化生产线；推动智能交通工具、智能工程机械、服务机器人、智能家电等产品产业化。

深化互联网在工业领域的应用，促进工业互联网、云计算、大数据在企业研发设计、生产制造、经营管理、销售服务等全流程和全产业链的综合应用；加强工业互联网基础设施建设。

C　推动重点领域突破发展

瞄准新一代信息技术、高端装备、新材料、生物医药等战略重点，引导社会各类资源集聚，推动优势和战略产业快速发展。

（1）新一代信息技术产业：着力提升集成电路及专用装备、信息通信设备、操作系统及工业软件的设计生产能力。

（2）高档数控机床和机器人：开发一批精密、高速、高效、柔性数控机床与基础制造装备及集成制造系统。积极研发汽车、机械、电子、危险品制造、国防军工、化工、轻工等工业机器人、特种机器人，以及医疗健康、家庭服务、教育娱乐等服务机器人。

（3）航空航天装备：加快大型飞机研制，启动宽体客机研制；开发先进机载设备及系统，形成自主完整的航空产业链；发展新一代运载火箭、重型运载器；发展新型卫星，形成长期持续稳定的卫星遥感、通信、导航等空间信息服务能力；推动载人航天、月球探测工程，适度发展深空探测。

（4）海洋工程装备及高技术船舶：大力发展深海探测、资源开发利用、海上作业等保障装备。提升大型水面战舰、大型浮式结构物、液化天然气船等高技术装备的国际竞争力。

（5）先进轨道交通装备：加快新材料、新技术和新工艺的应用，重点突破体系化安全保障、节能环保、数字化、智能化、网络化技术。研发新一代绿色智能、高速重载轨道交通装备系统，建立世界领先的现代轨道交通产业体系。

（6）节能与新能源汽车：继续支持电动汽车、燃料电池汽车发展，提升动力电池、驱动电机、高效内燃机、先进变速器、轻量化材料、智能控制等核心技术的产业化能力。

（7）电力装备：推动大型高效超净排放煤电机组产业化和示范应用，进一步提高超大容量水电机组、核电机组、重型燃气轮机制造水平。推进新能源和可再生能源装备、先进储能装置、智能电网用输变电及用户端设备发展。突破大功率电力电子器件、高温超导材料等关键元器件和材料的制造及应用技术，形成产业化能力。

（8）农机装备：重点发展粮、棉、油、糖等大宗粮食和战略性经济作物育、耕、种、管、收、运、贮等主要生产过程使用的先进农机装备，加快发展大型拖拉机及其复式作业机具、大型高效联合收割机等高端农业装备及关键核心零部件。

（9）新材料：以特种金属功能材料、高性能结构材料、功能性高分子材料、特种无机非金属材料和先进复合材料为发展重点，加快研发先进熔炼、凝固成型、气相沉积、型材加工、高效合成等新材料制备关键技术，做好超导材料、纳米材料、石墨烯、生物基材料等战略前沿材料提前布局和研制。

（10）生物医药及高性能医疗器械：发展针对重大疾病的化学药、中药、生物技术药物新产品。提高医疗器械的创新能力和产业化水平，重点发展影像设备、医用机器人等高性能诊疗设备。

D　推行绿色制造

加大先进节能环保技术、工艺和装备的研发力度，积极推行低碳化、循环化和集约化，提高制造业资源利用效率。加快制造业绿色改造升级，推进资源高效循环利用，强化产品全生命周期绿色管理，努力构建高效、清洁、低碳、循环的绿色制造体系。

E　推进工业与生产性服务业融合

加快工业与服务的协同发展，推动经营模式创新和业态创新，促进生产型制造向服务型制造转变。推动发展服务型制造，支持有条件的企业由提供设备向提供系统集成总承包服务转变，由提供产品向提供整体解决方案转变。加快生产性服务业发展，大力发展面向制造业的信息技术服务，鼓励互联网企业发展移动电子商务、在线定制、线上到线下等创新模式，积极发展对产品、市场的动态监控和预测预警等业务，实现与制造企业的无缝对接，创新业务协作流程和价值创造模式，强化服务功能区和公共服务平台建设。

F　强化工业基础能力

核心基础零部件（元器件）、先进基础工艺、关键基础材料和产业技术基础等工业基础能力薄弱，是制约我国制造业创新发展和质量提升的症结所在。要坚持问题导向、产需结合、协同创新、重点突破的原则，着力破解制约重点产业发展的瓶颈。

G　加强质量品牌建设，实施精品工程

提升质量控制技术，完善质量管理机制，夯实质量发展基础，优化质量发展环境，努力实现质量大幅提升。大力实施增品种、提品质、创品牌"三品战略"，弘扬精益求精的"工匠精神"，推进"品质革命"，实现精品制造，开展质量品牌提升行动。

H　提高工业国际化发展水平

推动新一轮高水平对外开放，坚持引进来和走出去并重，在更高层次上运用两个市场、两种资源，坚持引资、引技和引智并举，提升我国在全球配置要素资源的能力。大力加强与"一带一路"国家产能合作，加快推进与周边国家互联互通基础设施建设。

I　提高创新能力

完善以企业为主体、市场为导向、政产学研用相结合的工业创新体系。围绕产业链部署创新链，围绕创新链配置资源链，加强关键核心技术攻关，加速科技成果产业化，提高关键环节和重点领域的创新能力。

J　实施人才强国战略

人力资本凝结着劳动者的知识、创造、经验和技能，工业高质量发展需要人力资本做支撑。提高全社会人力资本积累，教育是根本。优化人力资本投资结构，提高人力资源配置效率，提高专业人才与产业发展的匹配度，加快实施人才强国战略，发挥教育对工业发展的引领作用。

面对第四次工业革命的浪潮，全球工业正经受着前所未有的冲击与变革。面对新的浪潮，各工业发达国家纷纷制订国家战略。美国于2011年颁布了先进制造伙伴计划，随后又提出了再工业化和制造业回归计划。德国政府提出高科技战略计划工业4.0，英国制订了《英国工业2050战略》，法国起草了《未来产业》规划，2015年我国编制了《中国制造2025》第一个十年行动纲领。

由于历史原因，我国错过了第一次和第二次工业革命，从而陷入了落后挨打的境地，第三次工业革命，我国人们自强不息，终于搭上了列车的后半程。面对第四次工业革命浪潮，我国再不能错失机遇。凭借我国社会主义市场经济体制优势，依靠我国拥有众多工程技术人才和庞大的国内市场，以及经济发展的良好势头，只要我们不忘初心，砥砺前行，在第四次工业革命浪潮中，我国一定能成为引领角色，建设工业强国的目标一定能实现。

9.1.6　工业工程

工业工程（Industrial Engineering，IE）是从科学管理的基础上发展起来的提高生产效率和效益的技术。工业工程以大规模的工业生产系统或工业经营系统为研究对象，它以提高效率、降低成本、保证质量为目标，是系统工程在工业领域的具体应用。美国工业工程师协会对工业工程的定义是：对人员、物料、设备、能源和信息所组成的集成系统进行设计、改善和设置的技术，它综合运用数学、物理学和社会科学方面的专门知识和技术，以及工程分析和设计的原理和方法，对系统所取得的成果进行确定、预测和评价。

工业工程是在大规模工业生产中产生的技术，最早起源于美国。1911年泰勒进行了工作时间与劳动工具的研究，吉尔布雷斯进行了作业动作的分析。他们这种对工作时间与作业动作的定量分析，制定了先进的作业方法与时间标准，依靠这些方法标准，企业大幅度提高了生产效率。后来人们把时间研究与动作研究，以及工厂布置、物料搬运、生产计划与控制、质量管理与控制及工程经济等技术称为传统工业工程；把以运筹学和系统工程作为理论基础，以计算机技术为手段，包括并行工程、精益生产及敏捷制造等技术称为现代工业工程。工业工程的各种技术主要应用对象是微观层次的企业，如果对企业的一生问题应用系统工程方法来展开讨论，理论上会显得复杂繁琐，以下主要从规划阶段简述系统工程方法的具体工作步骤。

（1）明确问题：工业工程也称为效率工程，提高生产效率是其核心任务。在企业的发展过程中，为了适应市场环境，需要明确不同阶段要解决的主要问题。这要求全面了解企业的生产状况，对生产率进行测定，从而对企业问题进行诊断。一般通过与其他企业的比较、与企业过去的情况比较或与企业制定的计划比较来发现企业的问题，找出问题的领域，确定问题性质，如成本问题、质量问题或效率问题等。

（2）确定目标：根据企业的具体情况，制定长期、中期及短期目标，比如企业的问题是质量问题，则要根据企业现有的各方面状况来确定预期质量指标。假如质量指标为合格率，则要确定提高合格率的百分数，这需要根据企业现有的人员、设备、材料、资金、技术、信息、管理等各方面状况来确定。

（3）系统综合：寻找解决问题的途径与方案，如对现有设备进行改造、自制新设备、购买新设备、提高作业人员操作技能、改善材料品质等方法来提高产品的质量。

（4）系统分析：尽量对各种方案寿命周期的成本与效果进行定量分析，建立数学模型。假如要对设备进行改造或自制，则以改造设备的性能参数作为抉择变量，确定目标与约束，进行优化设计分析。

（5）系统优化：对模型进行计算，求出各方案的最优解。

（6）系统决策：在各种方案中，分别比较它们的效果与费用。由于各方案实施后效果与费用都具有不确定性，因此这可能是一个风险型决策问题。

（7）系统实施：其中系统优化相对于系统分析来说属于战术分析，它同时为系统设计做准备。

9.2　设备工程

9.2.1　设备工程概述

设备的概念有广义和狭义之分，广义的设备通常指可供人们在生产中长期使用，并在反复使用中基本保持原有实物形态和功能的生产资料和物质资料的总称，如：土地与不动产、厂房与构筑物、机器与附属设施等。狭义的设备是指在生产、经营、科研、办公与生活领域可供使用的机器、设施、仪器与机具等固定资产的总称。也可以认为设备是为了完成某种功能，而按系统将机械、装置及相关的其他要素有机地组合起来的集合体，其功能是将投入的劳动力、资金、原材料及能源等输入物加以处理，生产出具有预期功能的产品。设备是一类特殊的人造系统，在生产实际中，有时也使用成套设备或成套设施作为同义词。成套设备按照其结构层次的复杂性来区分，可以分为若干不同层次。设备按用途来区分，包括生产工艺设备、辅助生产设备、科研实验设备、办公管理设备和生活设备五大类。

（1）生产工艺设备：是用来改变劳动对象（原材料、毛坯、半成品等）的形状或性能，使劳动对象发生物理或化学变化的设备，如：机械工业中的金属切削机床、锻压设备、铸造机械、工艺专用设备等；化学工业中的加热炉、合成塔、反应釜、压缩机、离心器等。

（2）辅助生产设备：如机械工业中的各种动力设备（锅炉、给水排水装置、变压器、空气压缩机等），运输设备（起重机、电梯、车辆等），传导设备（管道、电缆等）。

（3）科研实验设备：如各种测试设备、计量仪器等。

（4）办公管理设备：如计算机、手机、复印机、打字机、摄像机、录像机、电视监控等办公用设备。

（5）生活设备：如医疗卫生机械、炊事机械等。

设备工程来源于设备管理，而设备管理来源于设备维修。18 世纪末，蒸汽机的发明及其在生产中的使用，引起了第一次科技革命，到 19 世纪初期，蒸汽机、皮带车床等机器在工业生产中得到普遍应用。最初机器操作人员需要负责机器的维修。但是随着工业的发展，大机器生产逐步成为工业生产的主要方式，机器维修工作量在不断增加的同时，对维修技术的要求也越来越高，机器操作与机器维修开始分离开来，产生了独立的维修工种，维修技术开始专业化，维修水平也得到不断提高。这一时期，由于生产力水平不高，企业设备一般是单体设备，企业的管理主要靠经验进行，设备维修只能采用事后维修，即设备坏了才修。事后维修的结果难以保证生产正常进行，往往会影响生产任务的完成。随着生产技术的进一步发展，20 世纪初产生了分工更细、效率更高的流水线生产方式。这种生产方式大幅度提高了生产效率，但是当流水线上某一设备发生故障时，可能导致生产流程中断，引起重大生产损失，这就需要预防设备故障的出现。1923 年，苏联提出了设备计划预修制。计划预修制是按照预先制定的设备修理计划而进行的一系列预防性修理，其目的是保障设备正常运行和良好的生产能力，减少和避免设备磨损、老化和腐蚀而造成的损坏，延长设备使用寿命，充分发挥设备潜力。20 世纪 40 年代，美国提出了预防维修制，预防维修制是先对设备进行检查，了解设备的实际状况，再根据检查结果来安排维修计划。这种维修制度相对于计划预修制来说，减少了过剩维修（对还能继续使用的设备进行的维修），维修经济性较好。1954 年美国又提出了生产维修体制，它是一种以生产为中心，针对不同设备灵活运用四种维修方式来维护设备的一种设备管理体制，四种维修方式分别为事后维修、预防维修、改善维修和维修预防。维修预防是指避免设备维修，即通过提高设备的可靠性来避免维修。在这一时期，美国设备管理领域提出了设备可靠性与设备寿命周期费用（即设备一生所消耗的费用）两个概念，随后美国政府规定在供应设备时，必须将可靠性与设备寿命周期费用指标订立在合同中。

在 20 世纪 70 年代以前，企业管理人员经常使用设备管理与设备工程这类名词，很多人认为设备工程是指设备的计划、设计、制造和安装等设备前期（规划期）的工作，而设备管理是指设备后期（使用期）的使用、维护、修理及更新等管理工作。直到 1970 年，英国《维修保养技术》杂志社主编丹尼斯·巴克斯在国际设备工程年会上提出了"设备综合工程学"的概念，发表了题为《设备综合工程学——设备工程的改革》的论文，文中认为设备工程包括设备的设计、制造、管理与维护。设备综合工程学要求对设备一生进行多方面的综合管理，其要点包括以下五个方面：

（1）追求设备寿命周期的经济性。

（2）将工程技术、经济财务与组织管理相结合进行综合管理。

（3）重视设备的工艺性、可靠性与维修性。

（4）把设备一生各环节的工作联系起来综合考虑。

（5）注重设备设计与使用及各部门之间技术与经济信息的反馈。

设备工程是由设备规划工程、维修工程、动力工程和安全环保工程四部分组成的综合性工程，它是研究设备全寿命周期的科学。设备工程按照设备寿命周期中的运动过程主要分为规划工程和维修工程，同时作为设备的输入与输出，设备工程还包括动力工程与安全环保工程。设备工程研究设备寿命周期物质运动与价值运动形态。物质运动方面主要研究设备的可靠性、维修性、工艺性、磨损、劣化、检查、维护及修理等技术问题；价值运动方面主要研究设备的投资、价值补偿，以及设备修理、更新与改造的经济性分析等。

我国将设备工程称为设备综合管理。设备综合管理是以设备为中心的一系列技术、经济和组织工作的总称，是对设备一生经济形态与价值形态的管理，即设备工程具有技术、经济及经营管理三个侧面。

虽然设备本身是实物形态的硬系统，但是要使设备效能得到充分发挥，与设备相关的使用人员、维护人员、管理人员的作用也很关键。因此不能把设备和人员孤立起来进行分析，而应把人作为一个基本要素，与设备联系起来加以考察，即把设备和人员构成的人机系统作为一个有机整体来加以分析。

9.2.2 设备规划工程

设备的规划工程也称为设备的前期管理，其内容涉及设备的规划、资金的筹措、选型、订货、安装及试运行；对于企业的自制设备，主要内容为规划、设计、制造、安装及试运行。

设备规划对设备一生综合效益影响很大，设备后期的使用、维护及修理等工作对设备效能的发挥显然是重要的，但是设备设计、制造中出现的问题（先天缺陷）在后期使用过程中往往难以得到根本解决。

设备的规划工程是设备维修工程的基础，它决定了设备寿命周期费用的90%，也决定了设备的可靠性、维修性、适用性，以及设备的功能与设备的技术水平。

设备规划工程的工作步骤可以归纳为：

（1）明确问题。设备规划部门应了解企业各方面的基本情况，尤其要掌握设备的新旧情况、技术水平，以及设备的使用与维修情况，分析现有设备对企业发展的影响，了解设备问题的轻重缓急。如果设备是制约企业发展的主要瓶颈，则有必要进行投资来改善现有设备状况。

（2）确定目标。阐述设备投资的技术可行性与经济合理性，对设备投资进行可行性分析。根据各方面情况：市场需求、原材料与能源供给状况、产品市场竞争力、产业政策、环保政策、资源综合利用、新旧设施配套、公共设施支持、改扩建可能性、工艺适应性、生产组织与人力条件、企业协作关系、融资等多方面情况，再结合企业经营发展目标，制定中长期设备规划。

（3）系统综合。寻找实现目标的具体途径，即制定方案，如对现有设备进行现代化改装、自制设备或购买新设备等。

（4）系统分析。无论对设备进行改造或制造，都需要对研究对象进行深入分析，主要包括两方面分析：1）对设备的投资、年成本、年收益进行估算，获得各种经济性比较指标；2）建立优化模型，为系统设计工作打基础，如在成本限制下，尽量使系统性能与质量最优，或在系统性能与质量达到要求的情况下，尽量节省成本。

（5）系统优化。对系统进行优化分析，对优化模型进行求解。

（6）系统决策。对入选的各种方案进行比较，常用的比较指标有时间性指标（如投资回收期）、价值性指标（如净现值）、比率性指标（如内部收益率、费用效率）等。

（7）系统实施。系统实施前需要先制定工程计划，将整个工程分解为各项活动，对每一活动的时间、成本、质量、风险等指标要进行管理。依次实施各项活动，稳步推进，既要做到多、快、好、省，又要确保质量、安全与环保等。

设备规划工程需要掌握设备的可靠性与设备的寿命周期费用，设备的可靠性直接决定了设备的质量，设备的寿命周期费用既包括了设备的投资（设置费），又包括了设备后期的各种成本费用（维持费）。

企业的根本任务是提高生产系统效率，即要以最少的输入，实现最多的输出。对于设备系统来说，输入就是设备的寿命周期费用，而输出不仅包括产量、质量、成本、交货期，也包括安全、环境卫生、劳动情绪等。

9.2.3　设备维修工程

设备维修工程属于设备周期运动中的后期工程，主要涉及设备的使用、维护、修理、改装、报废、更新及资产管理等方面内容。设备的维修工程与设备的规划工程具有本质的区别，设备的维修工程要求对设备的维修管理目标不能局限于设备的利用率这类指标，而是要将管理目标定位于保障生产，使生产任务保质保量完成，实现企业的管理目标。这就要求在设备管理过程中，既要提高设备的素质，也要提高相关人员的素质，因此设备维修工程的研究对象，不仅仅是设备本身，也应包括相关的使用、维护、修理等各方面人员，或者说维修工程的研究对象是设备与各种人员组成的人机系统。由于人机系统包含"人"的因素，因此它是具有一定软性的系统，即设备维修工程要处理的问题具有非结构性特点。软系统方法论的关键是要建立能解决现实问题的概念模型，这要通过不断比较学习来获得，因此设备维修工程要着重建立符合实际的设备管维修理模式。

9.2.3.1　TPM设备管维模式

20世纪70年代初，日本在学习英国的设备综合工程学、美国的设备预防维修制及生产维修制的基础上，吸收了鞍山钢铁厂开展技术创新、大搞群众运动的做法，创造了全面生产维护体制（Total Productive Maintenance），简称TPM。TPM的定义为：

（1）以最高的设备综合效率为目标。

（2）确立以设备一生为目标的全系统的预防维修。

（3）设备的计划、使用、维修等部门都参与。

（4）从企业的最高层到第一线职工全体参加。

（5）通过开展小组的自主活动来推进生产维护。

其中，设备综合效率是设备实际产能与理论产能的比。

TPM 突出三个"全"，即全效率、全系统和全员参与，定义描述了人机系统的有效结合模式。

推行 TPM 的目的是改善设备的运行环境，提高员工的操作维修技术，使企业的体制得到根本改善。TPM 通过基层人员自愿的小组活动，激发自主创新潜力，提高自我管理能力，增强企业活力。

推进 TPM 要以现场管理为起点，做好 5 个方面的工作。

（1）个别改善：即通过减少设备的六大损失，提高设备综合效率。设备的六大损失为：停机损失、调整损失、空转损失、速度损失、缺陷损失、产量损失。

（2）专业维修：建立设备维修部门的计划维修与操作员工的自主维修之间的协调配合关系。

（3）自主维修：操作人员通过以下七个步骤逐步引导自主维修：

1）初始清扫。

2）对污染源采取对策。

3）建立清洁润滑标准。

4）总点检：了解点检项目与点检标准，进行点检知识培训。

5）自主检查：依照自检标准进行检查，并逐步完善点检标准。

6）整顿与整理：将工作现场标准化，建立清洁标准、润滑标准、点检标准、定置标准、可视化标准等。

7）自主维修：了解设备精度与产品质量之间的关系，通过自主维修，提高设备可靠性与产品质量，提高自主管理能力。

（4）培训与教育：建立培训中心，对员工进行操作技能、维修技能及管理能力的培训，培养多技能员工。

（5）前期管理：建立设备前期管理程序，对生产与维修人员发现的设计、制造及安装方面的问题，尽量考虑进行维修预防和无维修设计。

TPM 在世界各国的推广运用过程中不断发展，产生了新一代 TPM。新一代 TPM 提出了更高的要求，它的五个特征为：

（1）追求设备综合效率最大化。

（2）建立使生产系统的寿命周期费用最小化（零故障、零事故、零废品）的组织机构。

（3）从生产部门到开发、销售、管理等所有部门都参加。

（4）从高层领导到一线职工全员参与。

（5）通过自主维修小组的多次活动，实现零损失。

新一代 TPM 通过减少十六大损失来优化生产系统的六大产出 PQCDSM，其中六大产出分别为 Productive（生产效率）、Quality（质量）、Cost（成本）、Delivery（交货期）、Safety（安全）、Morale（情绪），进一步实现 4S，它们分别为 CS（客户满意）、ES（雇员满意）、SS（社会满意）、GS（现场满意）；而十六大损失包括三个方面：

1）设备方面的损失：故障停机损失、安装调整损失、空转损失、速度损失、缺陷损失、起动时产量损失，更换刀夹具损失、清理检查损失。

2）管理与工人方面的损失：等待损失、操作不当损失、生产线组织不合理或失效损失、后勤损失、测量错误及缺失损失。

3）能源及材料方面的损失：能源损失、废品废料损失，工具、模具、夹具自身的损失。

新一代 TPM 要推进的工作由五个方面扩展为八个方面：个别改善、自主维修、专业维修、初期管理、教育培训、质量管理、安全与环境管理、事务改善，这些工作之间相互制约，相互促进。8 个方面的工作在推进时不能单兵突进，要围绕 TPM 管理目标，协调配合，整体推进，才能形成系统效应。

9.2.3.2　TnPM 设备管维模式

作为工业大国，我国设备维修管理技术一直落后于设备技术的进步。20 世纪 50 ~ 60 年代，我国设备管理主要学习苏联的管理模式。自 20 世纪 70 年代开始，在吸收英国设备综合工程学、日本 TPM、美国生产维修制理念后，我国设备管理界创立了设备综合管理模式，它的特点可以概括为一生管理、两个目标、五个结合。

（1）一生管理：就是指设备从规划、设计、制造、安装，到使用、维护、修理、改造、更新全过程的寿命周期管理。

（2）两个目标：是指既要提高设备的综合效率，又要降低设备的寿命周期费用。

（3）五个结合：就是设计、制造与使用相结合，日常维护与计划检修相结合，修理、改造与更新相结合，专业管理与群众管理相结合，技术管理与经济管理相结合。

1997 年，我国设备管理界根据我国的具体国情提出了全员规范化生产维修（TnPM）管理模式，TnPM 包括八个要素：

（1）以最高的设备综合效率和完全有效生产率为目标。

（2）以设备检维修解决方案为载体。

（3）全公司所有部门都参与。

（4）从最高领导到每个基层员工全体参加。

（5）小组自主管理和团队合作。

（6）合理化建议与现场持续改善相结合。

（7）变革与规范交替推进。

（8）建立检查、评估体系和激励机制。

其中，要素（1）中设备的完全有效生产率定义为：

$$设备的完全有效生产率 = 设备利用率 \times 设备综合效率$$

要素（2）中的设备检维修解决方案简称为 SOON 流程，即"策略（strategy）→现场信息（on-site information）→组织（organizing）→规范（normalizing）"流程。SOON 流程的含义为：根据设备的不同类型、不同役龄及不同故障特征选择不同的维修策略；根据收集的设备点检及监测信息，制定解决方案及对问题源头进一步追索得到的根除预案；制定维修计划，组织维修队伍，分配维修资源；最后是维修行为的规范与维修质量的认证。

TnPM 包含四个"全"：

（1）以设备综合效率和完全有效生产率为目标。

（2）以全系统的预防维修体制为载体。

（3）以员工的行为全规范化为过程。

（4）以全体人员参与为保障。

TnPM 需要推进以下六个方面的活动。

（1）自主维修：按照七个步骤引导自主维修。

（2）现场改善：现场改善要求以 6S、6H 管理为基础，灵活应用 6 个 T，时时记住 6 个 I，不断追求 6 个 Z。其中 6S 为整理、整顿、清扫、清洁、安全、素养；6H 为清除 6 个源头（Headstream），它们分别为污染源、清扫困难源、故障源、浪费源、缺陷源、事故源；6T 为 6 大工具（Tool），它们分别为单点课（每天抽出一点时间进行交流）活动、目视管理、目标管理、绩效管理、团队管理、项目管理；6I 为 6 个方面的改善（Improvement），它们是：

1）改善影响生产效率和设备效率的环节。

2）改善影响产品质量和服务质量的细微之处。

3）改善影响制造、维护成本之处。

4）改善造成员工疲劳之处。

5）改善造成灾害的不安全之处。

6）改善工作和服务态度。

6Z 为 6 个零（Zero）：即质量零缺陷、材料零损失、安全零事故、工作零差错、设备零故障、生产零浪费。

（3）建立规范化体系：成功的管理，就是维持和改进规范的过程。由于规范代表最优、最容易、最省力及最安全的工作方法，它提供了继承某种技巧和专业技术的最佳途径，也提供了衡量和评估员工绩效的标准，它是维持、改善及员工培训的基础内容和行为目标，规范能提示员工，是检查、监督的可视信息。建设起注重现场改善的管理体系，现场需要不断改善和创新。规范化体系建立的步骤为：1）选择主题；2）了解现状；3）分析资料；4）设定改善目标；5）制定对策；6）实施改善；7）对策评估；8）修正"规范"；9）规范实施。企业需要提炼出简洁的运行流程，建立完备的规范体系，即优化行为、形成规范、养成习惯。

（4）实施 SOON 流程：SOON 流程是设备点检、维修系统的解决方案。在具体实施过程中需要把自主维修、专业维修及维修预防统一起来，构建三个层次的闭环维修流程。

（5）建立五价六维评价体系：五价是指五个评价等级，六维是指六个方面的评价指标，它们分别为：1）管理方面：反映 TnPM 的推进状况，管理流程的规划情况等。2）员工士气与素养水平：反映小组活动的活跃性，单点课开展情况等。3）现场管理状况：5S 管理、6H 管理、定置管理及目视管理的状况。4）信息与知识资产管理：反映管理信息化水平。5）设备管理的经济指标：设备的维修费用、备件消耗等。6）设备性能与效率指标：设备寿命、设备综合效率等。

（6）推行 FROG 体系："员工未来能力持续成长"的英文定义为 Future Re-boosting Operators' Growth，简化为 FROG，即像蝌蚪蜕变成青蛙，像青蛙一样跳跃着进步成长。员工能力成长促成企业的发展，企业的发展也为员工成长提供更广阔的空间。FROG 是对员工成长活动系统的模式设计，它涉及多方面内容：1）员工能力分析；2）员工成长约束分析；3）制定个人成长计划；4）建立自上而下的六维训培体系；5）推动和建立单点课

148

程体系；6）培养积极思维的团队；7）企业教练法则；8）企业知识资产管理与信息共享；9）行动至上和行为管理；10）员工和企业同步协调成长。其中六维训培体系是指以专业知识、工作技能及各方面人文素养知识为培训内容，在不同季节安排不同档次、不同数量的培训课时，它们分别对应专业维、技能维、素养维、时间维、层次维及数量维；企业教练法则是指将企业领导陶冶成教练，而不是长官，指导各级管理者如何当好教练，带好队伍。

TnPM 设备管理模式自 1998 年提出以来，在我国工业领域得到普遍推广，取得了显著成效。TnPM 是设备工程的最新模式，它对复杂大型人机系统的处理，提供了具体的解决方案，是系统工程在设备领域的独特处理措施，对有人参与的系统问题的处理提供了参考模型。

先进的设备是我国实现现代化工业强国的必要条件，而要确保设备安全、稳定、长期高效地运行，必须建立科学规范的设备维修管理体制。TnPM 是我国自主创新的设备管理模式，它为现代企业的各方面管理奠定了良好的基础，标志着我国设备管理进入了世界先进设备管理的行列。

习　　题

9-1　简述工业系统的基本特征。

9-2　简述系统工程与工业工程的区别。

9-3　简述 TnPM 管理模式的特点。

参 考 文 献

[1] 杨家本. 系统工程概论 [M]. 2 版. 武汉：武汉理工大学出版社，2016.

[2] 李惠彬，张晨霞. 系统工程学及应用 [M]. 北京：机械工业出版社，2013.

[3] 姚德民. 系统工程实用教程 [M]. 2 版. 哈尔滨：哈尔滨工业大学出版社，2000.

[4] 肖福坤. 矿业系统工程 [M]. 徐州：中国矿业大学出版社，2010.

[5] 孙东川. 系统工程引论 [M]. 3 版. 北京：清华大学出版社，2014.

[6] 王应洛. 系统工程 [M]. 5 版. 北京：机械工业出版社，2016.

[7] 陈宏民. 系统工程导论 [M]. 北京：高等教育出版社，2016.

[8] 吴今培. 系统科学发展概论 [M]. 北京：清华大学出版社，2010.

[9] 周德群. 系统工程概论 [M]. 4 版. 北京：科学出版社，2021.

[10] 夏绍玮. 系统工程概论 [M]. 北京：清华大学出版社，1995.

[11] 钱学森. 论系统工程 [M]. 上海：上海交通大学出版社，2007.

[12] 于景元，钱学森. 关于开放的复杂巨系统的研究系统工程理论与实践 [J]. 1992，12 (5)：8-12.

[13] 高志亮. 系统工程方法论 [M]. 西安：西安工业大学出版社，2004.

[14] 陈磊. 系统工程基本理论 [M]. 北京：北京邮电大学出版社，2013.

[15] 林锉云. 多目标优化的方法与理论 [M]. 长春：吉林工业大学出版社，1994.

[16] ［美］P. 卡尔. 随机线性规划 [M]. 上海：上海科学技术出版社，1992.

[17] 王金德. 随机规划 [M]. 南京：南京大学大学出版社，1993.

[18] 许国志. 系统科学与工程研究 [M]. 上海：上海科技教育出版社，2000.

[19] 王寿云. 开放的复杂巨系统 [M]. 杭州：杭州大学出版社，1996.

[20] 许国志. 系统科学 [M]. 上海：上海科技教育出版社，2000.

[21] 钱颂迪. 运筹学 [M]. 3 版. 北京：清华大学出版社，2005.

[22] 胡运权. 运筹学教程 [M]. 5 版. 北京：清华大学大学出版社，2018.

[23] 程五一. 系统可靠性理论 [M]. 北京：中国建筑工业出版社，2012.

[24] H. 哈肯. 协同学 [M]. 上海：上海译文出版社，2001.

[25] H. 哈肯. 高等协同学 [M]. 北京：科学出版社，1989.

[26] 牟致忠. 机械可靠性 [M]. 北京：机械工业出版社，2011.

[27] 李伯民. 现代工业系统概论 [M]. 北京：国防工业出版社，2006.

[28] 胡宗武. 工业工程 [M]. 上海：上海交通大学出版社，2006.

[29] 蔡启明. 基础工业工程 [M]. 3 版. 北京：科学出版社，2018.

[30] 罗振壁，朱立强. 工业工程导论 [M]. 北京：机械工业出版社，2005.

[31] 张友诚. 现代企业设备管理 [M]. 北京：中国计划出版社，2008.

[32] 梁三星. 现代设备综合管理 [M]. 西安：西安工业大学出版社，2016.

[33] 徐扬光. 设备工程与管理 [M]. 上海：华东理工大学出版社，2013.

[34] 李葆文. 设备管理新思维新模式 [M]. 2 版. 北京：机械工业出版社，2012.

[35] Kall P. An upper bound for SLP with first and second moments. Annals of oprations Research [J]. 1991, 30：323~328.

[36] Dula J. An upper bound on the expectation of simplicial functionsmutlivaiaterandom variables. Mathematical Programming study [J]. 1992, 55：69~80.